中国常见海洋生物原色图典

植 物

总 主 编 魏建功
分 册 主 编 刘 涛
分册副主编 金月梅 韩笑天 王海阳

中国海洋大学出版社
·青岛·

图书在版编目（CIP）数据

中国常见海洋生物原色图典. 植物／魏建功总主编；
刘涛分册主编. —青岛：中国海洋大学出版社，2019.11
ISBN 978-7-5670-1704-7

Ⅰ.①中… Ⅱ.①魏… ②刘… Ⅲ.①海洋生物－水生
植物－中国－图集 Ⅳ.①Q178.53-64

中国版本图书馆CIP数据核字（2019）第247250号

出版发行	中国海洋大学出版社			
社　　址	青岛市香港东路23号		邮政编码	266071
网　　址	http://pub.ouc.edu.cn			
出 版 人	杨立敏			
责任编辑	姜佳君		电　　话	0532-85901984
电子信箱	j.jiajun@outlook.com			
印　　制	青岛国彩印刷股份有限公司			
版　　次	2020年5月第1版			
印　　次	2020年5月第1次印刷			
成品尺寸	170 mm × 230 mm			
印　　张	12.5			
字　　数	127千			
印　　数	1~2000			
定　　价	68.00元			
订购电话	0532-82032573（传真）			

发现印装质量问题，请致电0532-58700168，由印刷厂负责调换。

总前言

　　生命起源于海洋。海洋生物多姿多彩，种类繁多，是和人类相依相伴的海洋"居民"，是自然界中不可缺少的一群生灵，是大海给予人类的宝贵资源。

　　当人们来海滩上漫步，随手拾捡起色彩缤纷的贝壳和海星把玩，也许会好奇它们有怎样一个美丽的名字；当人们于水族馆游览，看憨态可掬的海狮和海豹或在水中自在游弋，或在池边休憩，也许会想它们之间究竟是如何区分的；当人们品尝餐桌上的海味，无论是一盘外表金黄酥脆、内里洁白鲜嫩的炸带鱼，还是几只螯里封"嫩玉"、壳里藏"红脂"的蟹子，也许会想象它们生前有着怎样一副模样，它们曾在哪里过着怎样自在的生活……

　　自我从教学岗位调到出版社从事图书编辑工作时起，就开始调研国内图书市场。有关海洋生物的"志""图鉴""图谱"已出版了不少，有些是供专业人员使用的，对一般读者来说艰深晦涩；还有些将海洋生物和淡水生物混编一起，没有鲜明的海洋特色。所以，在社领导支持下，我组织相关学科的专家及同仁，编创了《中国常见海洋生物原色图典》，以期为读者系统认识海洋生物提供帮助。

　　根据全球海洋生物普查项目的报告，海洋生物物种可达100万种，目前人类了解的只是其中的1/5。我国是一个海洋大国，东部和南部大陆海岸线1.8万多千米，内海和边海的水域面积为470多万平方千米，海洋生物资源十分丰富。书中收录的基本都是我国近海常见的物种。本书分《植物》《腔肠动物 棘皮动物》《软体动物》《节肢动物》《鱼类》《鸟类 爬行类 哺乳类》6个分册，分别收录了153种海洋植物，61种海洋腔肠动物、72种棘皮动物，205种海洋软体动物，151种海洋节肢动物，172种海洋鱼类，11种海洋爬行类、118种海洋鸟类、18种哺乳类。对每种海洋生物，书中给出了中文名称、学名及中文别名，并简明介绍了形态特征、分类地位、生态习性、地理分布等。书中配以原色图片，方便读者直观地认识相关海洋生物。

限于编者水平，书中难免有不尽如人意之处，敬请读者批评指正。

魏建功

前言

　　海藻、海草和红树植物因生活在海洋及沿海滩涂中，行使着作为海洋初级生产力的重要功能，而被统称为海洋植物。不过，海草、红树植物是具有根、茎、叶、花和果实等器官分化的维管植物，而海藻则是缺少维管束和胚等构造的类似植物的水生生物。

　　在这些海洋植物中，海藻的进化时间最为悠久。化石记录显示，早在38亿年前，原核生物蓝细菌藻类就已诞生，其光合作用急剧增加了地球大气层及水体环境中的氧气，促进了真核生物的进化。在真核生物出现后，原始真核生物作为宿主与古老的蓝细菌发生了质体初级内共生进化并导致了红藻、绿藻等进化。此后，光合植物的进化出现了2个大的分支：一支仍留存在海洋环境中，并通过质体的次级内共生进化衍生出了棕色藻、定鞭藻等藻类类群；另外一支则适应了陆地环境，进化为陆生植物。在陆生植物进化的过程中，部分原始陆生植物适应了高盐度的滨海环境而进化为红树植物，部分植物则重新适应了海水环境而进化为海草。

　　海藻和海草都生活在海洋中，而红树植物则生活在沿海滩涂，三者共同组成了从海面到海底、从海洋到陆地的海洋光合自养生物系统。由这些海洋植物形成的海藻场、海草床和红树林是全球最重要的海洋生态系统。其以高生物多样性和高生产力为典型特征，生态系统服务价值和生产力水平远远高于热带雨林，在碳、氮、磷、硅等元素的生物地球化学循环中发挥着支配性作用，尤其在固定二氧化碳、释放氧气、为多层次营养层级生物提供食物和栖息繁衍场所等方面发挥着至关重要的支撑作用，对维持海洋生态系统的结构与功能具有重要的意义。然而，由于滨海开发和人类活动的加剧以及全球气候变化等因素的影响，我国沿海的海藻场、海草床和红树林出现了大面积的退化，甚至局部灭绝。因此，亟须加强海洋植物及其栖息地的保护工作，保障人类社会的可持续发展。

本书汇总和整理了我国沿海常见海藻、海草和红树植物的图片、分类地位、形态特征、生态习性、地理分布、经济价值等资料。希望广大读者能够通过本书更直观地了解我国沿海常见海洋植物。

刘　涛

CONTENTS
目录

海 藻

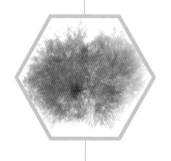

海洋微藻 109

海 草

红树植物

海　藻

　　藻类是地球最古老的光合生物类群之一，是具有叶绿素、能进行光合作用，营自养生活，但缺少维管束和胚等构造的类似植物的水生生物。海藻，也称海洋藻类，是海洋里各种藻类的统称，有几万种，分为蓝细菌、绿藻、红藻、棕色藻、定鞭藻等8个门类。

　　不同的进化历程造就了海藻构造的多样性。绝大多数海藻为肉眼不可见的单细胞生物，而单细胞的蓝细菌藻类具有典型的原核生物特征。部分红藻和绿藻以及全部的褐藻具有固着器、柄和叶片的大型宏观体制构造而被称为大型海藻。单细胞海藻中存在着群体生物的类型；而大型海藻中也存在着单细胞多核生物，以及外观像具有组织构造但实际上是多细胞群体的假薄壁组织海藻。多数单细胞海藻通过运动机制（如游动、滑动等）进行浮游生活，细胞是行使全部生物功能的载体。大型海藻具有固着器、柄、叶状体。

　　本书根据藻体大小，将单细胞的海洋微藻单独分类；同时，根据大型海藻因含有不同色素种类而形成的藻体颜色差异，将其进一步分为绿藻、红藻和褐藻。

绿 藻

  绿藻是有氧光合作用生物的主要类群之一，栖息环境多样，在全球生态系统中扮演着非常重要的角色。绿藻被认为起源于第一次内共生事件：一个非自养的真核宿主细胞捕获了一个蓝细菌，之后内共生的蓝细菌稳定地融合并最终变成了作为细胞器的质体。

  绿藻门所包含的物种通常为绿色。主要色素为叶绿素a、叶绿素b、α-胡萝卜素、β-胡萝卜素、紫黄素和新黄素。绿藻门羽藻属还含有管藻黄素和管藻素酯。绿藻的叶绿素b为特征色素，其他大型藻类中均没有。绿藻以淀粉（支链淀粉和直链淀粉）为主要储藏物质，与陆生植物、海草和红树植物相同。绿藻细胞中的质体周围没有质体内质网；线粒体多数为片状嵴，也存在着管状嵴和泡状嵴。这些细胞学特征都与高等陆生植物相似。因此，藻类学家们认为，在整个植物进化系统中，绿藻门比其他门的藻类与高等陆生植物的亲缘关系更接近。

  大型绿藻的形态呈现较多变化，主要包括丝状体、膜状体、异丝体、管状多核体4种类型。

  本书重点介绍了20种常见大型海洋绿藻。

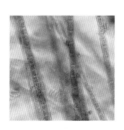
软丝藻

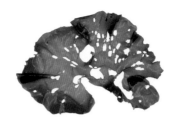
孔石莼

长松藻

软丝藻

学　　名　*Ulothrix flacca*

别　　名　波发菜、紫菜苔、绿苔、青苔

分类地位　绿藻门石莼纲丝藻目丝藻科丝藻属

形态特征　藻体鲜绿色或暗绿色，外形很像一丛绿绒毛，高5 cm。分为固着器和丝状体。基部的几个细胞向下延伸形成盘状固着器，从而附着在基质上。丝状体质地柔软，不分枝，直径10～25 μm。

生态习性　固着生活，生长于中潮带的石块、贝壳或其他大型藻体上。

地理分布　在我国，软丝藻自然分布于浙江、山东、河北、辽宁等地沿海。

经济价值　可食用、药用。

30 μm

1 cm

礁 膜

学　　名　*Monostroma nitidum*

别　　名　绿紫菜、海青菜、苔皮、蛏被、由菜、绿苔

分类地位　绿藻门石莼纲丝藻目礁膜科礁膜属

形态特征　藻体黄绿色或浅绿色，膜质，高2～6 cm。分为固着器和叶状体。固着器呈盘状。叶状体柔软而光滑，边缘有许多裂褶。

生态习性　固着生活，生长于内湾静水及中、高潮带的岩礁上。

地理分布　在我国，礁膜自然分布于海南、广东、福建、浙江、江苏、山东、河北、辽宁等地沿海。

经济价值　可食用、药用，可作为肥料、工业原料。

2 cm

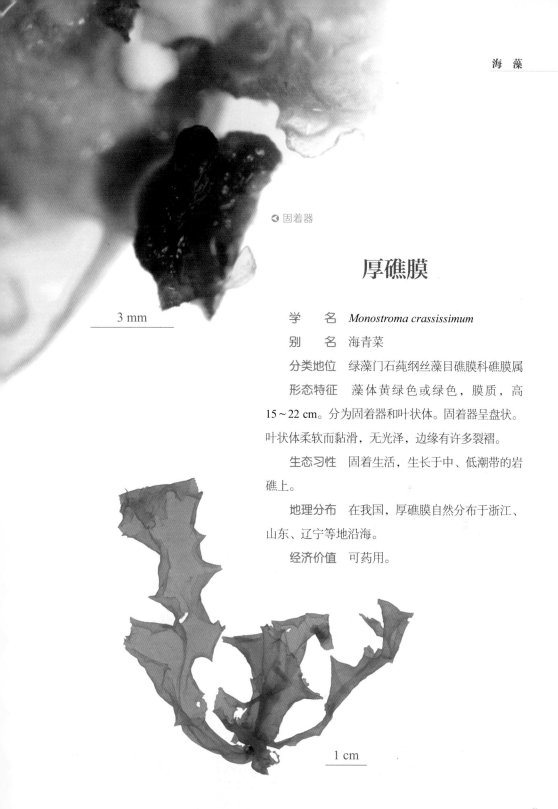

◀ 固着器

3 mm

厚礁膜

学　　名 *Monostroma crassissimum*

别　　名 海青菜

分类地位 绿藻门石莼纲丝藻目礁膜科礁膜属

形态特征 藻体黄绿色或绿色，膜质，高
15~22 cm。分为固着器和叶状体。固着器呈盘状。
叶状体柔软而黏滑，无光泽，边缘有许多裂褶。

生态习性 固着生活，生长于中、低潮带的岩
礁上。

地理分布 在我国，厚礁膜自然分布于浙江、
山东、辽宁等地沿海。

经济价值 可药用。

1 cm

蛎　菜

学　　名　*Ulva conglobata*

别　　名　猪母菜、蛎皮菜、昆布、大腹消

分类地位　绿藻门石莼纲石莼目石莼科石莼属

形态特征　藻体鲜绿色或墨绿色，匍匐生长，膜质，高2～3 cm。分为固着器和叶状体。固着器呈盘状。叶状体无柄，直接生于固着器上，叶状体自边缘向基部形成许多裂片，裂片相互重叠，呈花朵状。叶状体由2层细胞组成，不中空。

1 cm

生态习性　固着生活，生长于中潮带的岩礁上。

地理分布　在我国，蛎菜自然分布于广东、福建、浙江、山东、辽宁等地沿海。

经济价值　可食用，可作为饲料和肥料。

裂片石莼

学　　名　*Ulva fasciata*

别　　名　昆布、海菜

分类地位　绿藻门石莼纲石莼目石莼科石莼属

形态特征　藻体鲜绿色或墨绿色，膜质，匍匐生长，高10～60 cm。分为固着器和叶状体。固着器呈盘状并向下分生出假根。叶状体无柄，由2层细胞组成，直接生于固着器上，裂叶条状。

2 cm

生态习性　固着生活，生长于中、低潮带的岩礁上。

地理分布　在我国，裂片石莼自然分布于海南、广东、台湾、福建、浙江、江苏、山东、河北、辽宁等地沿海。

经济价值　可药用。

孔石莼

学　　名　*Ulva pertusa*

别　　名　海莴苣、海白菜、海条、猪母菜

分类地位　绿藻门石莼纲石莼目石莼科石莼属

形态特征　藻体鲜绿色，膜质，大型，匍匐生长，高
10～40 cm。分为固着器、柄和叶状体。固着器呈盘状并
向下分生出假根。叶状体由2层细胞组成，常有大小不等
的圆形或不规则的穿孔，边缘略有褶皱或稍呈波状。

生态习性　固着生活，生长于中、低潮带的岩礁上。

地理分布　在我国，孔石莼自然分布于江苏、山东、
河北、辽宁等地沿海。

经济价值　可食用、药用，可作为饲料。

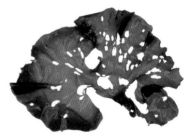

2 cm

浒 苔

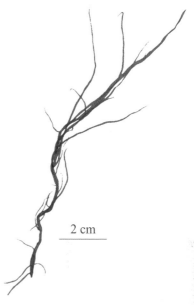

2 cm

学　　名　*Ulva prolifera*

别　　名　海青菜、海菜

分类地位　绿藻门石莼纲石莼目石莼科石莼属

形态特征　藻体鲜绿色，丛生，高5～100 cm。分为固着器、主枝和分枝。固着器呈盘状。主枝和分枝中空，呈管状，主枝明显，分枝细长。

生态习性　固着或漂浮生活，生长于高、中潮带岩礁上或石沼中，或紫菜等海藻的养殖筏架上。浒苔是形成绿潮的主要大型海藻之一。

地理分布　在我国，浒苔自然分布于广西、福建、浙江、江苏、山东、河北、辽宁等地沿海。

经济价值　可作为饲料、肥料和工业原料。

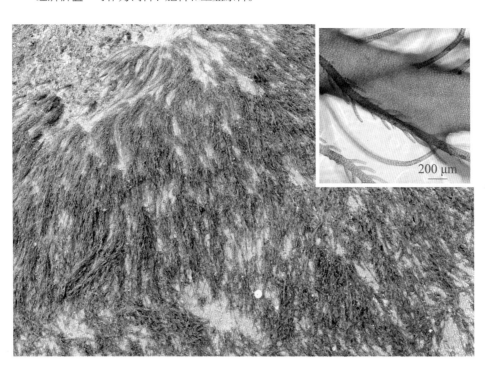

200 μm

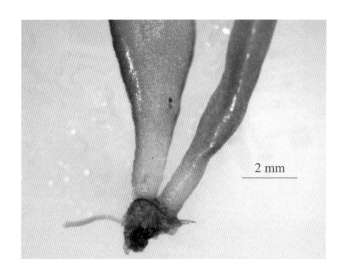

2 mm

缘管浒苔

学　　名　*Ulva linza*

别　　名　长石莼、海莴苣、海白菜、海菜、猪母菜、青菜

分类地位　绿藻门石莼纲石莼目石莼科石莼属

形态特征　藻体黄绿色至深绿色，高10～90 cm。分为固着器、柄和叶状体。固着器呈盘状。叶状体基部逐渐变细，形成明显的柄。叶状体一般呈带状，膜质，黄绿色，由2层细胞组成，边缘呈波状。通常没有分枝，不中空，但个别藻体局部中空。

生态习性　固着或漂浮生活，生长于潮间带的石沼中或岩礁上。

地理分布　在我国，缘管浒苔自然分布于广东、福建、浙江、江苏、山东、辽宁等地沿海。

经济价值　可药用，可作为饲料、肥料和工业原料。

2 cm

束生刚毛藻

1 cm

学　　名　*Cladophora fascicularis*

分类地位　绿藻门石莼纲刚毛藻目刚毛藻科刚毛藻属

形态特征　藻体绿色或黄绿色，直立，丛生，高10～20 cm。分为固着器、主枝和分枝。固着器呈假根状，有不规则的叉状分枝。直立部分为主枝，呈分叉状。上部的分枝较多，密集成束；末端的小枝粗壮，侧生，枝端钝尖。

生态习性　固着生活，生长于低潮带的岩礁上。

地理分布　在我国，束生刚毛藻自然分布于广东、台湾等地沿海。

经济价值　可药用。

硬毛藻

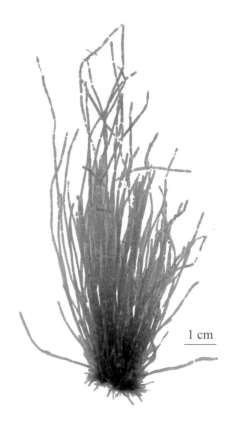

1 cm

学　名　*Chaetomorpha antennina*

分类地位　绿藻门石莼纲刚毛藻目刚毛藻科硬毛藻属

形态特征　藻体暗绿色，直立，丛生，高5～10 cm。分为固着器和丝状体。固着器呈盘状，较明显。丝状体直立，无分枝，单列丛生于固着器上。

生态习性　固着生活，生长于低潮带的岩礁或贝壳上。

地理分布　在我国，硬毛藻自然分布于海南、广东、福建、浙江等地沿海。

经济价值　可药用。

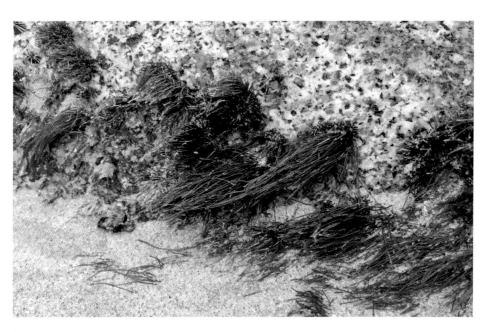

线形硬毛藻

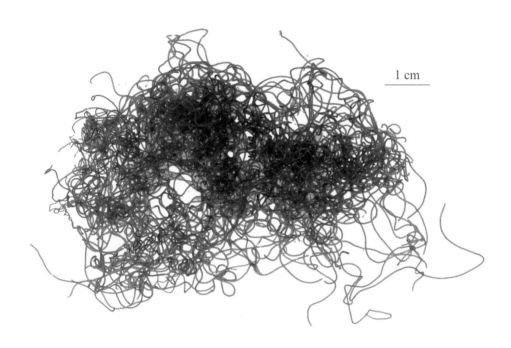

1 cm

学　　名　*Chaetomorpha linum*

别　　名　粗硬毛藻

分类地位　绿藻门石莼纲刚毛藻目刚毛藻科硬毛藻属

形态特征　藻体绿色至深绿色，长20～50 cm，分为固着器和丝状体。固着器呈盘状。丝状体呈线状，粗细比较均匀，不分枝，弯曲成绳状或纠缠成团块。

生态习性　固着或漂浮生活，生长于低潮带的岩礁或贝壳上。

地理分布　在我国，线形硬毛藻自然分布于海南、福建、山东等地沿海。

经济价值　可药用。

布多藻

学　　名　*Boodlea composita*

分类地位　绿藻门石莼纲刚毛藻目布多藻科布多藻属

形态特征　藻体亮绿色，高2～4 cm。藻体由许多分枝的丝状体交织成多孔的团块状，丝状体呈竹节状，节间分隔明显。主轴分枝通常呈羽状。

生态习性　固着生活，生长于低潮带的岩礁、石块或珊瑚碎块上。

地理分布　在我国，布多藻自然分布于海南、台湾等地沿海。

经济价值　可药用。

1 cm

网球藻

3 mm

学　　名　*Dictyosphaeria cavernosa*

分类地位　绿藻门石莼纲刚毛藻目管枝藻科网球藻属

形态特征　藻体浅绿色至棕色，质地较硬，随着生长，逐渐由实心变为空心。藻体体形变化大，从3~5 mm的球状、半球状或倒梨形至5~6 cm的裂叶状。

生态习性　固着生活，生长于中、低潮带的岩礁上。

地理分布　在我国，网球藻自然分布于海南、福建、台湾等地沿海。

经济价值　可药用。

羽　藻

学　　名　*Bryopsis plumosa*

分类地位　绿藻门石莼纲羽藻目羽藻科羽藻属

形态特征　藻体暗绿色，直立，丛生，高3～10 cm。分为固着器、主枝和羽状分枝。固着器呈假根状。主枝下部光滑，无分枝；中、上部有规则的羽状分枝，靠下的分枝较长，近顶端的分枝较短。从同一主枝分生出的分枝都位于同一平面上，排列成塔形。

生态习性　固着生活，生长在中、低潮带的礁石上或石沼中。

地理分布　在我国，羽藻自然分布于广东、福建、浙江等地沿海。

经济价值　可药用。

1 cm

假根羽藻

学　　名　*Bryopsis corticulans*

分类地位　绿藻门石莼纲羽藻目羽藻科羽藻属

形态特征　藻体深绿色或暗绿色，高5～14 cm。
分为固着器、主枝和分枝。主枝直立，比较粗壮，呈
圆柱状，直径约为1 mm，下部裸露，上部有许多羽状
排列的圆柱状分枝。分枝几乎分布在一个平面上。羽
状分枝的长度由下向上逐渐变短，排列成塔形。成熟
藻体常从主枝基部向下产生假根丝，少数羽状分枝基
部也能产生假根丝。

生态习性　固着生活，生长于潮间带至潮下带略
遮蔽的岩礁上。

地理分布　在我国，假根羽藻自然分布于广东、
福建、浙江、山东、辽宁等地沿海。

经济价值　可药用。

1 cm

长茎葡萄蕨藻

学　　名　*Caulerpa lentillifera*

别　　名　海葡萄

分类地位　绿藻门石莼纲羽藻目蕨藻科蕨藻属

形态特征　藻体鲜绿色，为多核细胞体，高20～80 cm。分为固着器、匍匐茎和直立枝。固着器为须状假根，生于匍匐茎背光侧。匍匐茎上分生出多个直立枝，直立枝上分生出带有柄的实心囊球，柄上的囊球对称生长。

生态习性　固着生活，生长于低潮带的岩礁或珊瑚礁上。

地理分布　长茎葡萄蕨藻在我国没有自然分布，后从日本和越南引入我国海南、福建、山东等地沿海养殖。

经济价值　可食用。

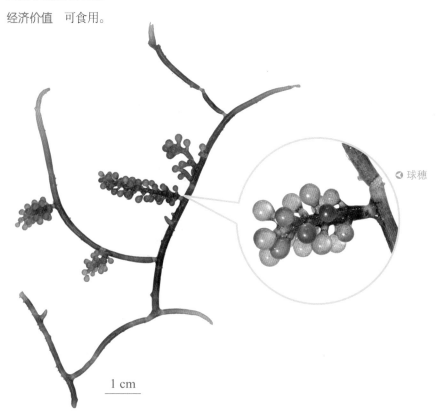

◀ 球穗

1 cm

总状蕨藻

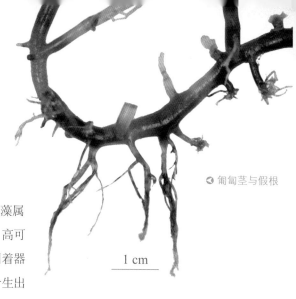

◀ 匍匐茎与假根

学　　名　*Caulerpa racemosa*

分类地位　绿藻门石莼纲羽藻目蕨藻科蕨藻属

形态特征　藻体鲜绿色，为多核细胞体，高可达20 cm。分为固着器、匍匐茎和直立枝。固着器为须状假根，生于匍匐茎背光侧，匍匐茎上分生出多个直立枝，直立枝上分生出带有柄的实心囊球。

1 cm

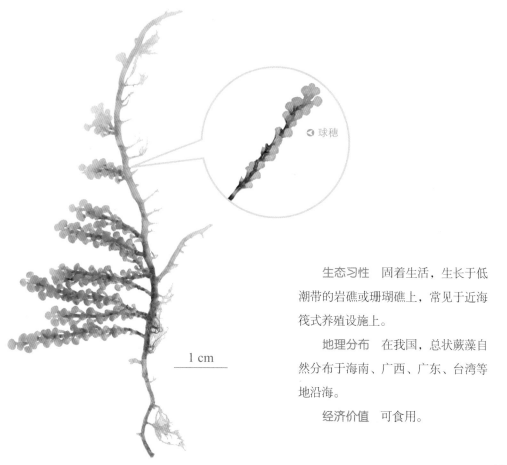

◀ 球穗

1 cm

生态习性　固着生活，生长于低潮带的岩礁或珊瑚礁上，常见于近海筏式养殖设施上。

地理分布　在我国，总状蕨藻自然分布于海南、广西、广东、台湾等地沿海。

经济价值　可食用。

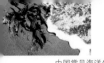

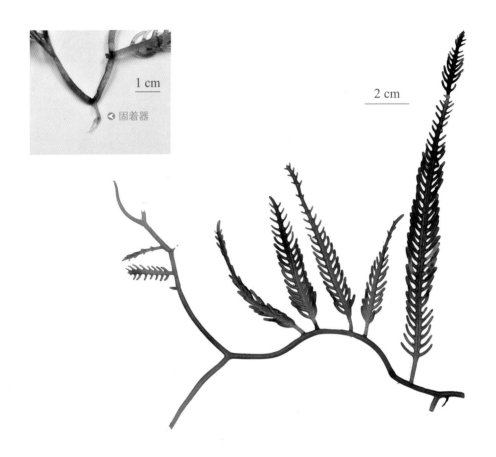

1 cm

◀ 固着器

2 cm

杉叶蕨藻

学　　名　*Caulerpa taxifolia*

分类地位　绿藻门石莼纲羽藻目蕨藻科蕨藻属

形态特征　藻体鲜绿色，为多核细胞体，高2～15 cm，最高可达80 cm。分为固着器、匍匐茎和直立枝。固着器为须状假根，生于匍匐茎背光侧。直立枝上的叶片扁平，呈羽状排列。

生态习性　固着生活，生长于低潮带的岩礁和珊瑚礁上。

地理分布　在我国，杉叶蕨藻自然分布于海南沿海。

经济价值　可食用、药用。

长松藻

学　　名　*Codium cylindricum*

别　　名　柱海松

分类地位　绿藻门石莼纲羽藻目松藻科松藻属

形态特征　藻体绿色至黄绿色，海绵质，高60 cm以上。整个藻体是一个分枝较多、管状、无横隔片的多核单细胞。分为固着器和分枝。固着器呈盘状。分枝呈圆柱状，顶端钝圆。分枝腋间呈楔形或宽三角形。

生态习性　固着生活，生长于中、低潮带的石沼中或岩礁上。

地理分布　在我国，长松藻自然分布于海南、广东、福建等地沿海。

经济价值　可药用。

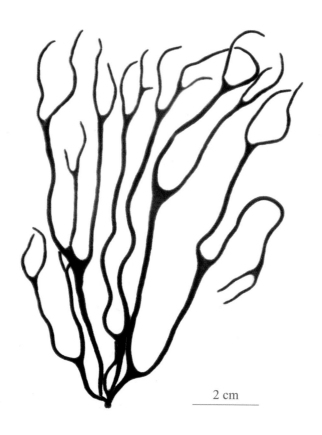

2 cm

刺松藻

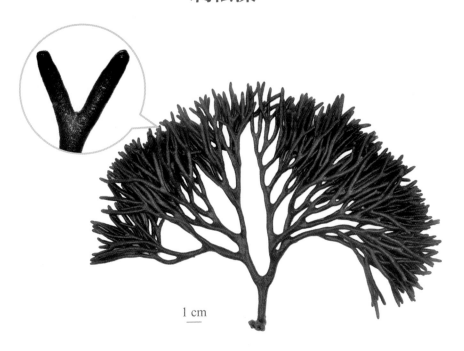

1 cm

固着器 ▶

学　　名　*Codium fragile*

别　　名　鼠尾巴、青虫子、青种、软软菜、刺海松、水松

分类地位　绿藻门石莼纲羽藻目松藻科松藻属

形态特征　藻体绿色至墨绿色，海绵质，高10～30 cm。整个藻体是一个分枝很多、管状、无横隔片的多核单细胞，分为固着器和分枝。固着器呈盘状或皮壳状。分枝呈圆柱状，基部略缢缩，顶端钝圆。分枝越向上越多，呈半球状。

生态习性　固着生活，生长于中、低潮带的岩礁上。

地理分布　在我国，刺松藻自然分布于海南、广西、广东、福建、浙江、江苏、山东、辽宁等地沿海。

经济价值　可药用。

红 藻

  红藻门藻类包括单细胞红藻和多细胞大型红藻，是藻类中形态构造丰富性和物种多样性最接近绿藻门的类群。大型红藻几乎全部分布在海洋中，包括丝状体、假膜状体、膜状体等多种构造。红藻所有类群在其全部生活史中均没有鞭毛。

  红藻除了以藻胆蛋白作为色素外，还具有叶绿素a、α-胡萝卜素、β-胡萝卜素、玉米黄素、β-隐藻黄素、紫黄素和花药黄素。藻胆蛋白则包括R藻蓝蛋白、别藻蓝蛋白及R-藻红蛋白。叶绿素a位于质体中。藻胆蛋白存在于类囊体表面的藻胆体中。含有藻红蛋白和藻蓝蛋白的藻胆体呈球形，而只含有藻蓝蛋白的藻胆体呈圆盘状。

  大型海洋红藻种类约4 000种。尽管海洋红藻在所有纬度都有分布，但从赤道至寒冷海域，其丰度有明显的改变。红藻藻体的平均大小因其所处地理区域的不同而异：在冷温带地区，红藻藻体大而肥厚；而在热带海域，大多数红藻（大量钙化的除外）藻体小而呈丝状。红藻也可以在其他藻类类群不能生存的海洋较深水域生活，其生存的最深水层可达200 m，这与它们光合作用中的辅助色素功能有关。

  本书重点介绍了54种常见大型海洋红藻。

红毛菜

条斑紫菜

三叉仙菜

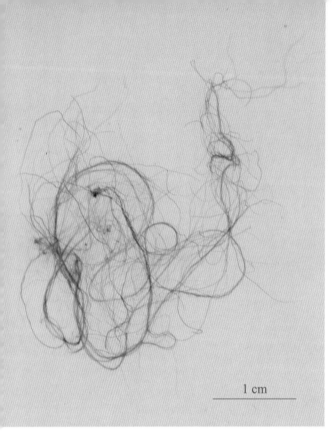

1 cm

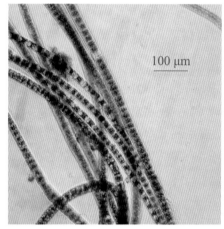

100 μm

红毛菜

学　名　*Bangia atropurpurea*

别　名　红绵藻、牛毛藻、牛毛海苔

分类地位　红藻门红毛菜纲红毛菜目红毛菜科红毛菜属

形态特征　藻体紫红色，丝状，丛生，一般长3～15 cm。分为固着器和丝状体。丝状体基部由单列细胞组成，中、上部则由多列细胞组成。基部细胞向下延伸成假根状的固着器。

生态习性　固着生活，生长于高潮带的岩礁上。

地理分布　红毛菜是我国特有种，自然分布于福建、浙江等地沿海，养殖于福建沿海。

经济价值　可食用、药用。

坛紫菜

学　　名　*Pyropia haitanensis*

分类地位　红藻门红毛菜纲红毛菜目红毛菜科红菜属

形态特征　藻体紫色或红褐色，匍匐生长，膜质，披针形或长卵圆形。野生藻体长10～20 cm，养殖藻体长可达2 m。藻体分为固着器、柄（不明显）和叶状体。固着器呈盘状。叶状体为条带状，较厚，由单层细胞组成，外被较厚的胶质层。基部较粗，横切面一般呈心脏形，少数呈圆形或楔形。

生态习性　固着生活，生长于高潮带的岩礁上。

地理分布　坛紫菜是我国特有种，自然分布于广东、福建、浙江等地沿海，养殖于广东、福建、浙江、江苏、山东等地沿海。

经济价值　可食用、药用。

3 cm

条斑紫菜

学　　名　*Pyropia yezoensis*

分类地位　红藻门红毛菜纲红毛菜目红毛菜科红菜属

形态特征　藻体暗棕红色，靠近基部呈蓝绿色，高12～30 cm，少数可达70 cm以上。藻体分为固着器、柄（不明显）和叶状体。藻体基部横切面呈圆形或心脏形。藻体边缘有褶皱。

生态习性　固着生活，生长于中、低潮带的岩礁上。

地理分布　在我国，条斑紫菜自然分布于山东、辽宁等地沿海，养殖于福建、江苏、山东等地沿海。

经济价值　可食用。

1 cm

芋根江蓠

学　　名　*Gracilaria blodgettii*

别　　名　芋根菜

分类地位　红藻门真红藻纲江蓠目江蓠科江蓠属

形态特征　颜色变化较大，红褐色或紫褐色，有时带绿色或黄色，高10～100 cm。分为固着器、主枝和分枝。固着器呈盘状。主枝明显。分枝较多，不规则偏生或互生，偶有叉分，呈圆柱状，基部明显缢缩。

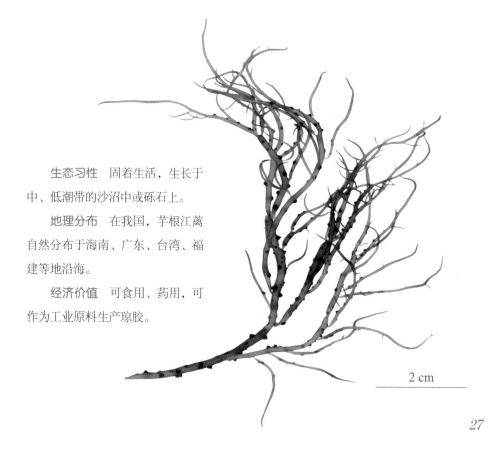

生态习性　固着生活，生长于中、低潮带的沙沼中或砾石上。

地理分布　在我国，芋根江蓠自然分布于海南、广东、台湾、福建等地沿海。

经济价值　可食用、药用，可作为工业原料生产琼胶。

2 cm

脆江蓠

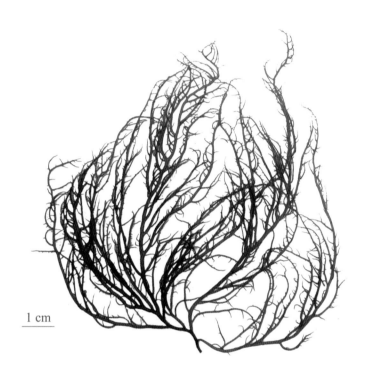

1 cm

学　　名　*Gracilaria chouae*

别　　名　羊胡须、海菜、蒲藻、白藻

分类地位　红藻门真红藻纲江蓠目江蓠科江蓠属

形态特征　藻体浅红色，单生或丛生，一般高15～40 cm。分为固着器、主枝和分枝。固着器呈盘状。分枝较多，呈圆柱状，易折断。分枝基部较宽，枝端逐渐尖细。

生态习性　固着生活，生长于潮间带较低处的石沼中或潮下带的沙石、贝壳上。

地理分布　脆江蓠是我国特有种，自然分布于福建、台湾、浙江等地沿海，养殖于福建沿海。

经济价值　可食用、药用，可作为工业原料。

细基江蓠

2 cm

学　名　*Gracilaria tenuistipitata*

分类地位　红藻门真红藻纲江蓠目江蓠科江蓠属

形态特征　藻体肉红色，单生或丛生，高20～40 cm。分为固着器、主枝和分枝。固着器呈盘状。分枝呈圆柱状，软骨质，较纤细，质地极脆，易折断。

生态习性　固着生活，生长于有淡水流入的内湾泥沙滩上。

地理分布　在我国，细基江蓠自然分布于海南、广西、广东、福建等地沿海。

经济价值　可药用，可作为工业原料。

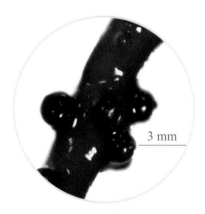

3 mm

◔ 囊果

真江蓠

1 cm

◀ 有囊果的
分枝

学　　名　*Gracilaria vermiculophylla*

别　　名　江蓠、龙须菜、牛毛、鬓菜、竹筒菜、水索面、海面线、发菜、粉菜

分类地位　红藻门真红藻纲江蓠目江蓠科江蓠属

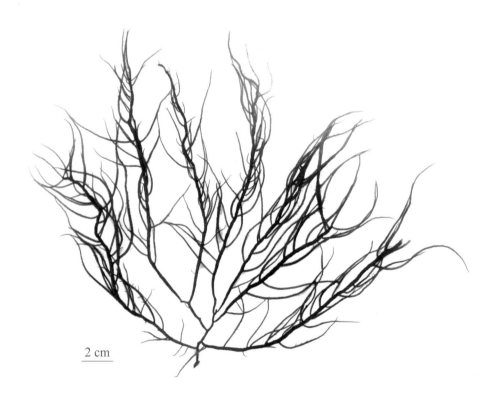

2 cm

形态特征 藻体颜色变化较大，红褐色或紫褐色，有时带绿色或黄色，单生或丛生，一般高30~50 cm，可达200 cm。分为固着器、主枝和分枝。固着器呈盘状。分枝较多，呈圆柱状，基部明显缢缩，枝端逐渐尖细。

生态习性 固着生活，生长于潮间带和潮下带的岩礁上。

地理分布 在我国，真江蓠自然分布于广东、福建、浙江、山东等地沿海。

经济价值 可药用，可作为工业原料。

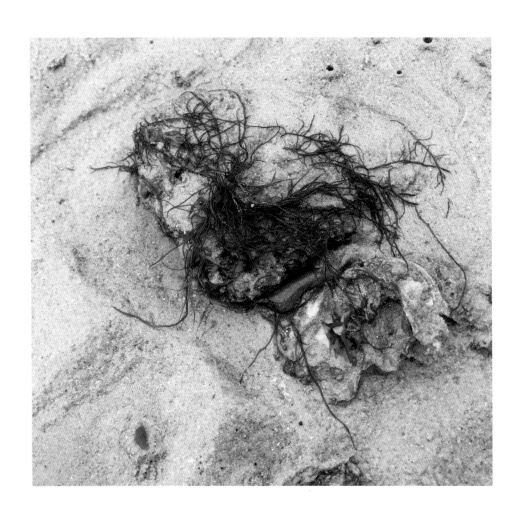

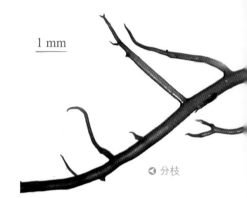

1 mm

◀ 分枝

龙须菜

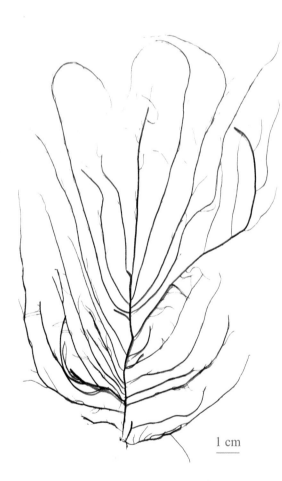

1 cm

学　　名　*Gracilariopsis lemaneiformis*

别　　名　苔发、线菜、蒲藻、海粉干、海面线、竹筒菜、凤尾菜、羊胡须

分类地位　红藻门真红藻纲江蓠目江蓠科龙须菜属

形态特征　藻体紫红色或浅红色，有的带绿色，丛生，株高变化较大。藻体分为固着器、主枝和分枝。固着器呈盘状。主枝较粗。分枝圆柱状，不同分枝的长度差异不大，分枝基部通常不缢缩。

生态习性　固着生活，生长于中、低潮带的沙沼中、砾石上或覆沙的岩礁上。

地理分布　在我国，龙须菜自然分布于山东、辽宁等地沿海，养殖于广东、福建、浙江、山东和辽宁等地沿海。

经济价值　可食用，可作为工业原料。

蜈蚣藻

学　　名	*Grateloupia filicina*
别　　名	海赤菜、冬家烂、膏菜
分类地位	红藻门真红藻纲海膜藻目海膜科蜈蚣藻属

形态特征　藻体紫红色，黏滑，单生或丛生，高20～30 cm。分为固着器、主枝和分枝。固着器呈盘状。主枝两侧有羽状分枝。皮层很厚，髓部是细长的丝状细胞。

生态习性　固着生活，生长于低潮带至潮下带的岩礁上。

地理分布　在我国，蜈蚣藻自然分布于广东、福建、浙江、江苏、山东、辽宁等地沿海。

经济价值　可药用。

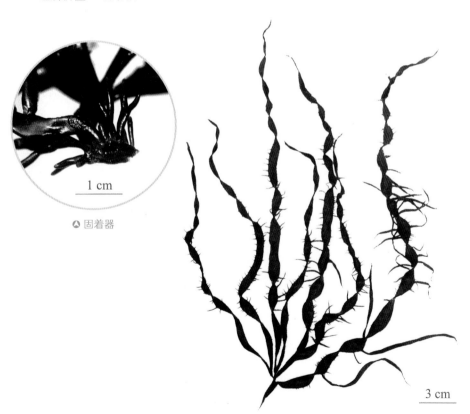

1 cm

△ 固着器

3 cm

舌状蜈蚣藻

学　　名　*Grateloupia livida*

别　　名　佛祖菜、面菜、海带、海菜

分类地位　红藻门真红藻纲海膜藻目海膜科蜈蚣藻属

形态特征　藻体深紫红色，幼期柔软，成体变硬，单生或丛生，高10～25 cm。分为固着器、柄和叶片。固着器呈盘状。柄较短，成体的柄是中空的。叶片呈带状，宽0.5～2.5 cm，顶端有明显的舌状分叉。

生态习性　固着生活，通常生长于低潮带的石沼中或岩礁上。

地理分布　在我国，舌状蜈蚣藻自然分布于广东、福建、浙江、山东等地沿海。

经济价值　可食用。

5 cm

带形蜈蚣藻

学　　名　*Grateloupia turuturu*

别　　名　海膜

分类地位　红藻门真红藻纲海膜藻目海膜科蜈蚣藻属

形态特征　藻体鲜红色，少数呈深红色，略带绿色或浅红色，黏滑，单生或丛生，高40～100 cm。分为固着器、柄和叶片。固着器呈盘状。柄较短。叶片呈条带状，宽4～15 cm，个别叶片在基部或顶端分裂出1～2个裂叶，叶片边缘呈波浪形。

生态习性　固着生活，生长于低潮带的岩礁上或石沼中。

地理分布　在我国，带形蜈蚣藻自然分布于广东、福建、浙江、山东、辽宁等地沿海。

经济价值　可食用、药用。

10 cm

海 柏

学　名　*Polyopes polyideoides*

分类地位　红藻门真红藻纲海膜藻目海膜科海柏属

形态特征　藻体暗红紫色，软骨质，直立生长，丛生，高5~15 cm。分为固着器、主枝和分枝。固着器呈圆盘状。分枝基部呈圆柱状，颜色较深，质地较硬；上部略扁，颜色较浅，质地较软，宽约2 mm。

生态习性　固着生活，生长于潮间带的岩礁上和石沼中。

地理分布　在我国，海柏自然分布于福建、浙江、山东、辽宁等地沿海。

经济价值　可食用、药用。

1 cm

长心卡帕藻

5 cm

学　名　*Kappaphycus alvarezii*

分类地位　红藻门真红藻纲杉藻目红翎菜科卡帕藻属

形态特征　藻体颜色因水质、光照及营养而多变，通常为浅红色或绿色，直立生长，多年生的藻体长可达2 m。藻体分为固着器和分枝。固着器呈盘状。分枝呈圆柱状，肥厚多肉，表面光滑，有一些疣状突起。后生分枝直径和长度明显减小。

生态习性　固着生活，生长于透明度高且水质清洁的潮下带的珊瑚礁或岩礁上。

地理分布　在我国，长心卡帕藻养殖于海南沿海。

经济价值　可作为工业原料。

麒麟菜

学　名　*Eucheuma denticulatum*

别　名　鸡脚菜

分类地位　红藻门真红藻纲杉藻目红翎菜科麒麟菜属

5 cm

　　形态特征　藻体多呈紫红色，有的呈绿色，直立生长，高12～30 cm。分为固着器和分枝。固着器呈盘状。分枝较密，肉质。初级分枝和次级分枝上大多有芽状突起。后生分枝直径和长度明显减小。

　　生态习性　固着生活，生长于大潮低潮线下的珊瑚礁或岩礁上。

　　地理分布　在我国，麒麟菜自然分布于海南、台湾等地沿海，养殖于海南沿海。

　　经济价值　可作为工业原料。

琼 枝

学　　名	*Betaphycus gelatinae*
别　　名	海菜、菜仔、琼芝、石芝、石花菜
分类地位	红藻门真红藻纲杉藻目红翎菜科琼枝藻属

形态特征　藻体紫红色或黄绿色，多肉，软骨质，平卧于生长基质上，表面光滑，腹面常有疣状突起，高10～20 cm。分为固着器和分枝。固着器呈盘状。分枝基部缢缩，分枝相互附着，常出现愈合现象。

生态习性　固着生活，生长于大潮低潮线下的珊瑚礁或岩礁上。

地理分布　在我国，琼枝自然分布于海南、台湾等地沿海。

经济价值　可药用，可作为工业原料。

3 cm

2 cm

中间软刺藻

学　　名　*Chondracanthus intermedius*

别　　名　小杉藻、茶叶藻、茶米菜、小萝卜藻、小杉海苔

分类地位　红藻门真红藻纲杉藻目杉藻科软刺藻属

形态特征　藻体呈圆柱状，暗红色，软骨质，高1～2 cm。藻体伏卧生长，密密地重叠成团块状。分为固着器、主枝和分枝。固着器呈小圆盘状。分枝为不规则的亚羽状，枝上部往往是弯曲的，末端尖锐。

生态习性　固着生活，生长于中、低潮带的岩礁上。

地理分布　在我国，中间软刺藻自然分布于广东、福建、浙江等地沿海。

经济价值　可食用、药用。

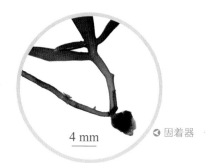

4 mm　◀ 固着器

1 cm

角叉菜

学　　名　*Chondrus ocellatus*

分类地位　红藻门真红藻纲杉藻目杉藻科角叉菜属

形态特征　藻体暗紫红色，常变为绿色，直立生长，单生或丛生，高5～12 cm。分为固着器和叶状体。固着器呈盘状。叶状体叉状分枝，膜质或肉质，扁平，靠近基部的位置呈楔形，向上逐渐扩张。

生态习性　固着生活，生长于中、高潮带的岩礁上。

地理分布　在我国，角叉菜自然分布于广东、福建、浙江、山东等地沿海。

经济价值　可药用。

2 cm

异色角叉菜

学　　名　*Chondrus verrucosus*

分类地位　红藻门真红藻纲杉藻目杉藻科角叉菜属

形态特征　藻体紫红色或紫褐色，具有琉璃般的光泽，高2～4 cm。分为固着器、叶片。固着器呈盘状。叶片扁平，呈舌状，软骨质，有叉状分枝，边缘平整。

生态习性　固着生活，生长于潮间带的礁石迎浪面上。

地理分布　在我国，异色角叉菜自然分布于山东、辽宁等地沿海。

经济价值　可食用、药用。

5 mm

固着器 ◗

2 cm

日本马泽藻

4 cm

学　　名　*Mazzaella japonica*

分类地位　红藻门真红藻纲杉藻目杉藻科马泽藻属

形态特征　藻体紫红色，软骨质，丛生，高10～30 cm。分为固着器、柄和叶片。固着器呈盘状。柄呈楔形。叶片呈卵圆形或长卵圆形，扁平，边缘全缘或有褶皱。

生态习性　固着生活，生长于潮间带的石沼中或大潮低潮线下的岩礁上。

地理分布　在我国，日本马泽藻自然分布于山东、辽宁等地沿海。

经济价值　可食用、药用。

1 cm

固着器 ▲

茎刺藻

5 mm

学　名　*Caulacanthus ustulatus*

分类地位　红藻门真红藻纲杉藻目茎刺藻科茎刺藻属

形态特征　藻体暗紫褐色，膜质，矮小，高1～2 cm，通常聚集生长形成密集而细弱的团块。基部有根状丝。分枝极不规则，生有或长或短的刺状小枝，枝的顶端尖锐，枝与枝间常有附着物互相粘连。

生态习性　固着生活，生长于中、低潮带的岩礁上或石沼中。

地理分布　在我国，茎刺藻自然分布于浙江、山东、辽宁等地沿海。

经济价值　可药用。

单条胶黏藻

学　名　*Dumontia simplex*

分类地位　红藻门真红藻纲杉藻目胶黏藻科胶黏藻属

形态特征　藻体紫红色，胶质，膜状，不分枝，直立生长，通常丛生，长3～35 cm，宽2～22 mm。分为固着器、柄和叶状体。固着器呈盘状。柄呈楔形，短而细。叶状体扁平，边缘全缘或呈波状。幼时叶状体顶端宽钝，老时破碎或逐渐变尖。

生态习性　固着生活，生长于低潮带的石沼中或潮下带的岩礁上。

地理分布　在我国，单条胶黏藻自然分布于山东、辽宁等地沿海。

经济价值　可药用。

3 cm

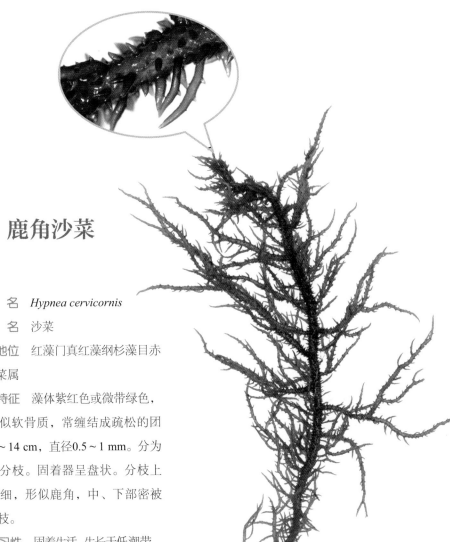

鹿角沙菜

学　　名 *Hypnea cervicornis*

别　　名 沙菜

分类地位 红藻门真红藻纲杉藻目赤叶藻科沙菜属

形态特征 藻体紫红色或微带绿色，膜质或近似软骨质，常缠结成疏松的团块，高10～14 cm，直径0.5～1 mm。分为固着器和分枝。固着器呈盘状。分枝上部逐渐尖细，形似鹿角，中、下部密被刺状的小枝。

生态习性 固着生活，生长于低潮带、潮下带的岩礁上。

地理分布 在我国，鹿角沙菜自然分布于海南、广西、广东、福建、浙江等地沿海。

经济价值 可药用。

1 cm

裸干沙菜

学　　名　*Hypnea chordacea*

分类地位　红藻门真红藻纲杉藻目赤叶藻科沙菜属

形态特征　藻体暗红色或绿色，软骨质，直立生长，丛生，高5～13 cm。分为固着器和分枝。固着器呈假根状，纤细。初生分枝向各方向伸展，直径1～2 mm。次生分枝较短，有疏密程度不等的刺状小枝。小枝长3～6 mm，多分布在藻体中、上部。

生态习性　固着生活，生长于中、低潮带的岩礁上。

地理分布　在我国，裸干沙菜自然分布于广东、台湾、福建、浙江等地沿海。

经济价值　可药用。

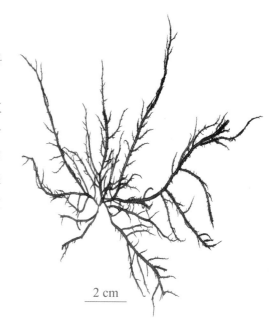

2 cm

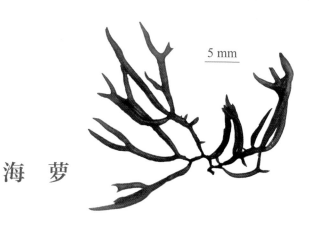

5 mm

海　萝

学　　名　*Gloiopeltis furcata*

别　　名　毛毛菜、牛毛菜、红菜、鹿角菜、赤菜、袋海萝、猴葵

分类地位　红藻门真红藻纲杉藻目内枝藻科海萝属

形态特征　藻体紫红色、黄褐色至褐色，软革质，干燥后韧性强，直立生长，丛生，通常高4～10 cm，最高可达15 cm。分为固着器和分枝。固着器呈盘状。分枝呈圆柱状或扁圆柱状，中空。分枝的基部通常缢缩。

生态习性　固着生活，生长于中潮带及高潮带的岩礁上。

地理分布　在我国，海萝广泛分布于广东、福建、浙江、江苏、山东、辽宁等地沿海。

经济价值　可食用、药用，可作为工业原料。

3 mm

固着器 ⚠

鹿角海萝

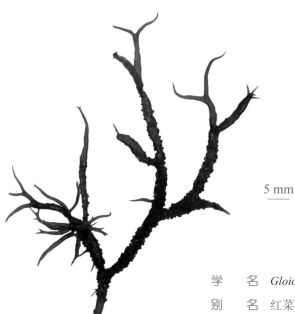

5 mm

学　　名 *Gloiopeltis tenax*

别　　名 红菜、赤菜、胶菜、鹿角菜、鹿赤菜、猴葵

分类地位 红藻门真红藻纲杉藻目内枝藻科海萝属

形态特征 藻体紫红色，软骨质，丛生，高5～12 cm，宽1～4 mm。分为固着器和分枝。固着器盘状。藻体下部有细茎。幼时分枝呈圆柱状，随着生长，分枝逐渐变扁。末端分枝常弯曲，像鹿角。

生态习性 固着生活，生长于中潮带及高潮带的岩礁上。

地理分布 在我国，鹿角海萝自然分布于广东、台湾、福建、浙江等地沿海。

经济价值 可食用、药用。

5 mm

⚠ 固着器

扇形拟伊藻

学　　名　*Ahnfeltiopsis flabelliformis*

别　　名　叉枝藻、扁枝子、鲍鱼菜、猪毛菜、丝藻、软骨红藻、扇形叉枝藻

分类地位　红藻门真红藻纲杉藻目育叶藻科拟伊藻属

形态特征　藻体紫红色，整体近似扇形，直立生长，单生或丛生，高4～10 cm。分为固着器和分枝。固着器呈盘状。藻体基部近似圆柱状。分枝多集中于藻体上部，扁平状。

生态习性　固着生活，生长于潮间带的岩礁上或石沼边缘。

地理分布　在我国，扇形拟伊藻自然分布于海南、广西、广东、福建、浙江、江苏、山东、辽宁等地沿海。

经济价值　可药用。

1 cm

细弱红翎菜

学　名　*Solieria tenuis*

别　名　红毛菜、红蒿子

分类地位　红藻门真红藻纲杉藻目红翎菜科红翎菜属

形态特征　藻体浅紫红色，直立生长，单生或丛生，高5～25 cm。分为固着器和分枝。固着器呈盘状，与周围的一些支持枝一起着生于基质上，有时具有短柄。分枝不规则互生，基部有明显的缢缩，顶端逐渐尖细。

生态习性　固着生活，生长于风浪较小处的中潮带的石沼中或岩礁上。

地理分布　在我国，细弱红翎菜自然分布于山东、河北、辽宁等地沿海。

经济价值　食用、药用。

1 cm

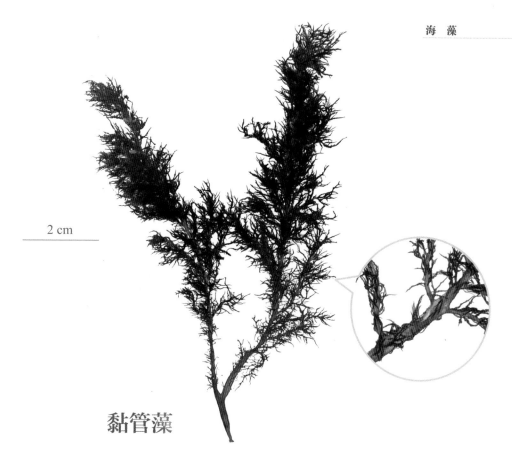

2 cm

黏管藻

学　　名　*Gloiosiphonia capillaris*

分类地位　红藻门真红藻纲杉藻目黏管藻科黏管藻属

形态特征　藻体紫红色，老时颜色变浅，非常柔弱，胶质，直立生长，丛生，高6～21 cm。分为固着器、主枝和分枝。固着器呈盘状。主枝明显，下部裸露。次生分枝具有短的小枝，基部逐渐变细，枝上生有细而透明的毛。

生态习性　固着生活，生长于潮间带的石沼中。

地理分布　在我国，黏管藻自然分布于山东、河北、辽宁等地沿海。

经济价值　可药用。

鹧鸪菜

分枝 ▶

5 mm

学　　名　*Caloglossa leprieurii*

别　　名　乌地菜、竹环菜、岩头菜、岩衣、乌菜、美舌藻、堤藻、驱虫菜

分类地位　红藻门真红藻纲仙菜目红叶藻科鹧鸪菜属

形态特征　生活时藻体紫红色，干燥后略带青色。藻体扁平，丛生成片，高1～4 cm。分为固着器、主枝和分枝。分枝为不规则的叉状，分枝处通常缢缩。匍匐部生有毛状假根。

生态习性　固着生活，生长于中、高潮带的岩礁上。

地理分布　在我国，鹧鸪菜自然分布于广东、福建、浙江等地沿海。

经济价值　可药用。

三叉仙菜

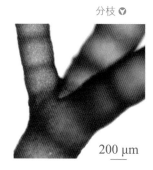

分枝 ▼

200 μm

学　　名　*Ceramium kondoi*

别　　名　二叉仙菜

分类地位　红藻门真红藻纲仙菜目仙菜科仙菜属

形态特征　藻体红色，软骨质，直立生长，高5～30 cm。分为固着器和分枝。固着器为圆锥状或扁球状。分枝主要为三叉分枝，枝表面有明显的节和节间。小枝从节间向不同方向伸出。

生态习性　固着生活，生长于低潮带的岩礁上或石沼中。

地理分布　在我国，三叉仙菜自然分布于浙江、山东、河北、辽宁等地沿海。

经济价值　可食用、药用。

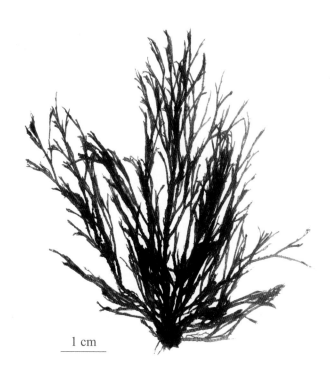

1 cm

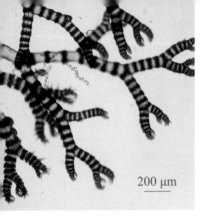

◁ 分枝

200 μm

圆锥仙菜

学　　名　*Ceramium paniculatum*

分类地位　红藻门真红藻纲仙菜目仙菜科仙菜属

形态特征　藻体暗红色，密集丛生，高1.5～3 cm。分为固着器和分枝。顶端常为不等长的钳形，稍向内弯，顶端外侧呈锯齿状。节部具有皮层。藻体上部的小枝每一节的远轴面上有2～4个细胞组成的尖细的刺，纵行排列。藻体基部生有丝状假根作为固着器。

生态习性　固着或附着生活，生长于低潮带的岩礁上或附生于其他藻体上。

地理分布　在我国，圆锥仙菜自然分布于福建、浙江等地沿海。

经济价值　可药用。

1 cm

绢丝藻

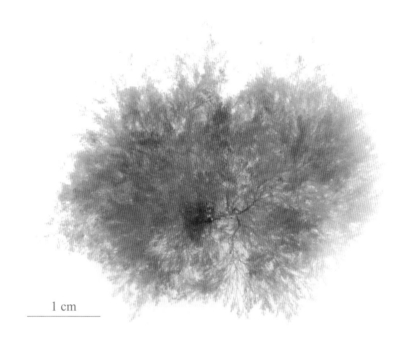

1 cm

学　　名　*Callithamnion corymbosum*

分类地位　红藻门真红藻纲仙菜目仙菜科绢丝藻属

形态特征　藻体鲜红色，丝状，柔软，直立生长，丛生成簇，高1～4 cm。分为固着器、主枝和分枝。主枝明显。分枝由单列细胞组成，藻体上部分枝密集，常呈伞状。

生态习性　固着或附着生活，生长于低潮带的岩礁上或附生于其他藻体上。

地理分布　在我国，绢丝藻自然分布于海南、福建、山东、河北等地沿海。

经济价值　可药用。

纵胞藻

学　　名　*Centroceras clavulatum*

分类地位　红藻门真红藻纲仙菜目仙菜科纵胞藻属

形态特征　藻体暗红色，稍硬，呈软骨质，高2～3 cm。分为固着器和分枝。固着器呈假根状。主枝为规则的二叉分枝。分枝呈丝状或圆柱状，末端向内弯曲或呈钳形。

生态习性　固着或附着生活，生长于礁湖内大潮低潮线下的死珊瑚体上或附生于其他藻体上。

地理分布　在我国，纵胞藻自然分布于海南、广东、福建等地沿海。

经济价值　可药用。

分枝 ▼

1 cm

4 mm

▲ 固着器

日本绒管藻

学　　名　*Dasysiphonia japonica*

别　　名　日本异管藻

分类地位　红藻门真红藻纲仙菜目仙菜科绒管藻属

形态特征　藻体玫瑰红色，直立生长，高2.5～20 cm，直径0.5～1.5 mm。分为固着器、主枝和分枝。固着器呈小盘状。主枝呈圆柱状或扁圆柱状。羽状分枝由节部生出，稍弯曲。小枝细长，向末端逐渐变细。

生态习性　固着生活，生长于低潮带的石沼中或潮下带的岩礁上。

地理分布　在我国，日本绒管藻自然分布于福建、浙江、山东、河北、辽宁等地沿海。

经济价值　可药用。

1 cm

3 cm

新松节藻

学　　名　*Neorhodomela munita*

分类地位　红藻门真红藻纲仙菜目松节藻科新松节藻属

形态特征　藻体暗褐色或黄褐色，新生部分质地比较柔软，老成部分质地稍硬。直立生长，高6~21 cm。分为固着器和分枝。固着器呈盘状，从固着器向上生出几条圆柱状的直立枝。分枝越向上越短、越细，不定枝较多。

生态习性　固着生活，生长于潮间带的岩礁上，包括高潮带岩礁的迎浪面上。

地理分布　在我国，新松节藻自然分布于山东、辽宁等地沿海。

经济价值　可药用。

鸭毛藻

学　　名　*Symphyocladia latiuscula*

分类地位　红藻门真红藻纲仙菜目松节藻科鸭毛藻属

形态特征　藻体暗紫红色，厚膜质，脆而易断，丛生，高5～12 cm。分为固着器、主枝和分枝。固着器为纤维状的假根。藻体基部生有数条主枝，下部的分枝较长，上部的分枝较短，末端的小羽枝大多为细针状。

生态习性　固着生活，生长于低潮带的岩礁上或石沼中。

地理分布　在我国，鸭毛藻自然分布于浙江、山东、河北、辽宁等地沿海。

经济价值　可食用、药用。

1 cm

冈村凹顶藻

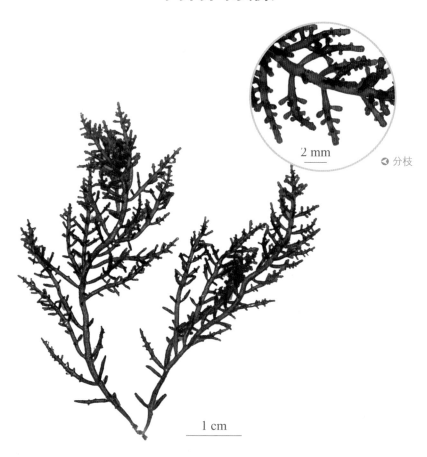

2 mm

◀ 分枝

1 cm

学　　名　*Laurencia okamurae*

分类地位　红藻门真红藻纲仙菜目松节藻科凹顶藻属

形态特征　藻体青紫色，高10～15 cm。分为固着器、主枝和分枝。主枝明显，呈圆柱状。分枝规则地向各个方向伸出。顶端分枝呈圆柱状，端部平凹。

生态习性　固着生活，生长于中潮带至低潮带的岩礁上。

地理分布　在我国，冈村凹顶藻自然分布于各地沿海。

经济价值　可食用、药用。

刺枝鱼栖苔

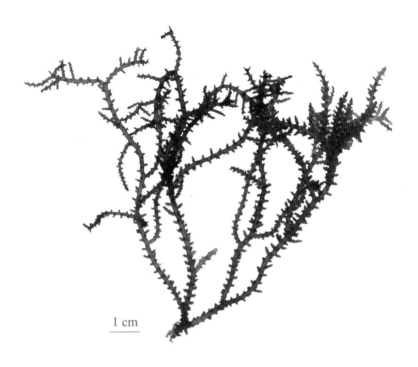

1 cm

学　　名　*Acanthophora spicifera*

别　　名　鱼栖苔、负刺红藻、穗状鱼栖苔

分类地位　红藻门真红藻纲仙菜目松节藻科鱼栖苔属

形态特征　藻体紫褐色，质地较脆，直立生长，丛生，高5～20 cm。分为固着器、主枝和分枝。固着器呈圆盘状，通常向上生出数条圆柱状主枝。分枝稀疏，枝上生有较多短枝，短枝顶端有刺。

生态习性　固着生活，生长于风浪较小的浅滩或珊瑚礁上。

地理分布　在我国，刺枝鱼栖苔自然分布于海南、台湾等地沿海。

经济价值　可药用。

粗枝软骨藻

学　　名　*Chondria crassicaulis*

分类地位　红藻门真红藻纲仙菜目松节藻科软骨藻属

形态特征　藻体绿色、紫红色或黄色，多肉，软骨质，高6~9 cm。分为固着器、主枝和分枝。固着器呈盘状。分枝不规则地向各方向生出，分枝和小枝基部较细，顶端钝圆，在小枝的顶端有小球状体。

生态习性　固着生活，生长于潮间带的岩礁上。

地理分布　在我国，粗枝软骨藻自然分布于广东、福建、浙江、山东、辽宁等地沿海。

经济价值　可药用。

3 mm

1 cm

分枝 ▶

多管藻

2 cm

200 μm

学　名　*Polysiphonia senticulosa*

分类地位　红藻门真红藻纲仙菜目松节藻科多管藻属

形态特征　藻体红色，丛生，高10～30 cm。分枝上有节，每隔3～4节有弯曲的小分枝，小分枝互生。

生态习性　固着生活，生长于低潮带的岩礁上或石沼中。

地理分布　在我国，多管藻自然分布于山东、河北、辽宁等地沿海。

经济价值　可药用。

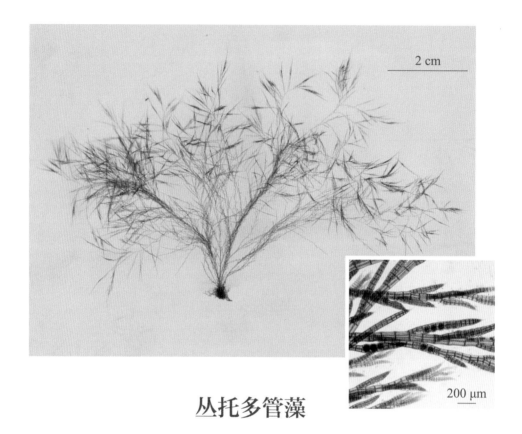

丛托多管藻

学　　名　*Polysiphonia morrowii*

分类地位　红藻门真红藻纲仙菜目松节藻科多管藻属

形态特征　藻体红色，直立生长，丛生，高5～30 cm。分为固着器、直立枝和分枝。基部具有匍匐枝，匍匐枝及上部枝均具有在枝间串联的假根状固着器。直立枝下部呈叉状或有稀疏的分枝。有的枝向外弯曲，呈钩状，上部生有小枝。顶端的小枝极短。

生态习性　固着生活，生长于低潮带的岩礁上或石沼中。

地理分布　在我国，丛托多管藻自然分布于山东、河北、辽宁等地沿海。

经济价值　可药用。

环节藻

1 cm

学　名　*Champia parvula*

分类地位　红藻门真红藻纲红皮藻目环节藻科环节藻属

形态特征　藻体紫褐色或微带绿色，柔软，黏滑，膜质，直立生长，丛生，高2～10 cm。分为固着器和分枝。固着器呈小盘状。分枝呈圆柱状，互生或对生，由许多圆桶状的节片组成，节处有横隔膜。

生态习性　固着或附着生活，生长于潮间带的岩礁上或低潮带的珊瑚礁上，或附生在其他藻体上。

地理分布　在我国，环节藻自然分布于海南、广西、广东、福建、浙江、山东、辽宁等地沿海。

经济价值　可药用。

分枝 ▶

3 mm

伴绵藻

1 cm

学　　名　*Ceratodictyon spongiosum*

分类地位　红藻门真红藻纲红皮藻目环节藻科伴绵藻属

形态特征　藻体褐色，软骨质，呈圆柱状，长10～20 cm，直径0.5～1 cm，有不规则分枝。

生态习性　固着生活，生长于大潮低潮线下的珊瑚礁上。常与海绵共生形成团块，因而藻体上会显露出海绵的圆形出水孔。

地理分布　在我国，伴绵藻自然分布于海南、台湾等地沿海。

经济价值　可药用。

金膜藻

学　　名　*Chrysymenia wrightii*

分类地位　红藻门真红藻纲红皮藻目红皮藻科金膜藻属

形态特征　藻体紫红色，膜质，黏滑，直立生长，单生或丛生，高10～18 cm，直径 2～3.5 mm。分为固着器、柄和叶片。固着器呈盘状，其上生有圆柱状的短柄。主枝较明显，分枝基部有明显的缢缩，顶端逐渐变尖。最末端的小枝有的稍向内弯曲。

生态习性　固着或附着生活，生长于低潮带的石沼中或大潮低潮线下的岩礁上，常被大风冲上岸。

地理分布　在我国，金膜藻自然分布于浙江、山东、河北、辽宁沿海。

经济价值　可食用、药用。

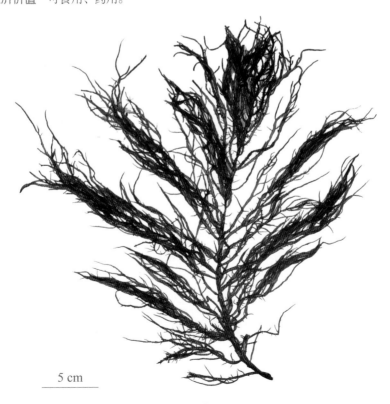

5 cm

节荚藻

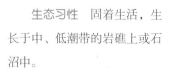

△分枝

学　名　*Lomentaria hakodatensis*

分类地位　红藻门真红藻纲红皮藻目萝蔓藻科节荚藻属

形态特征　藻体紫红色，柔软，黏滑，直立生长，丛生，高3.5～6.5 cm。分为固着器和分枝。固着器呈盘状，其上长有圆柱状的直立枝。分枝多为对生、轮生，极少互生。分枝基部略缢缩，顶端尖细，有明显的节和节间，节部明显缢缩。

生态习性　固着生活，生长于中、低潮带的岩礁上或石沼中。

地理分布　在我国，节荚藻自然分布于浙江、山东、辽宁等地沿海。

经济价值　可药用。

1 cm

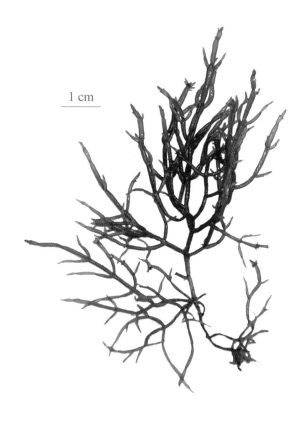

平滑叉节藻

△ 分枝

学　　名　*Amphiroa ephedraea*

分类地位　红藻门真红藻纲珊瑚藻目珊瑚藻科叉节藻属

形态特征　藻体粉红色，富含石灰质，直立生长，丛生，高3～10 cm。分枝双叉状，分枝下部的节间呈圆柱状，上部的节间呈扁圆柱状。

生态习性　固着生活，生长于大潮低潮线附近的岩礁上或石沼中。

地理分布　在我国，平滑叉节藻自然分布于香港、台湾、福建、浙江等地沿海。

经济价值　可药用。

小珊瑚藻

学　名　*Corallina pilulifera*

分类地位　红藻门真红藻纲珊瑚藻目珊瑚藻科珊瑚藻属

△ 分枝

3 mm

5 mm

形态特征　藻体灰紫色，直立生长，丛生，高3~5 cm。分为固着器、直立枝和分枝。固着器扁平壳状，其上生有许多直立枝。分枝呈羽状，对生，有节与节间。靠近分枝基部的节间呈圆柱状，上部的节间较扁，呈掌状或六角形，有明显的中肋状突起。

生态习性　固着生活，生长于潮间带的岩礁上或石沼中。

地理分布　在我国，小珊瑚藻自然分布于台湾、福建、浙江、山东、辽宁等地沿海。

经济价值　可药用。

3 mm

蹄形叉珊藻

学　　名　*Jania ungulata*

分类地位　红藻门真红藻纲珊瑚藻目珊瑚藻科叉珊藻属

形态特征　藻体粉红色，石灰质，高约2.5 cm。分为固着器和分枝。常呈团块状丛生。分枝规则，二叉状，有节与节间之分。节间呈圆柱状，上部的节间略扁。分枝常呈扇状排列。

生态习性　固着或附着生活，生长于大潮低潮线附近的岩礁上或石沼中，或附生在其他藻体上。

地理分布　在我国，蹄形叉珊藻自然分布于台湾、福建、浙江、山东等地沿海。

经济价值　可药用。

3 mm

石花菜

1 cm

5 mm

△ 分枝

学　　名　*Gelidium amansii*

别　　名　牛毛菜、鸡毛菜、冻菜、红菜、海草、凤尾、洋菜

分类地位　红藻门真红藻纲石花菜目石花菜科石花菜属

形态特征　藻体紫红色、深红色或绛紫色，直立生长，丛生，高10～30 cm。分为固着器、主枝和分枝。固着器呈盘状。分枝羽状，互生或对生。主枝、分枝的末端均为尖形。整个藻体上部的分枝较密，下部的分枝较稀疏。

生态习性　固着生活，生长于大潮低潮线附近的岩礁上。

地理分布　在我国，石花菜自然分布于台湾北部、福建、浙江、江苏、山东、河北、辽宁等地沿海。

经济价值　可食用、药用。

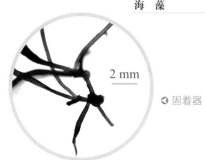

2 mm

◀ 固着器

细毛石花菜

学　　名　*Gelidium crinale*

别　　名　马毛、狗毛菜、猪毛菜

分类地位　红藻门真红藻纲石花菜目石花菜科石花菜属

形态特征　藻体暗紫色，近似于软骨质，直立生长，单生或丛生，高1.5～3 cm。分为固着器和分枝。固着器呈盘状。分枝呈不规则羽状，互生或对生。分枝下部呈圆柱状，上部略扁，枝端尖锐。

生态习性　固着生活，生长于中潮带有泥沙覆盖的岩礁上。

地理分布　在我国，细毛石花菜自然分布于海南、广东、福建、浙江、江苏、山东、河北、辽宁等地沿海。

经济价值　可食用、药用。

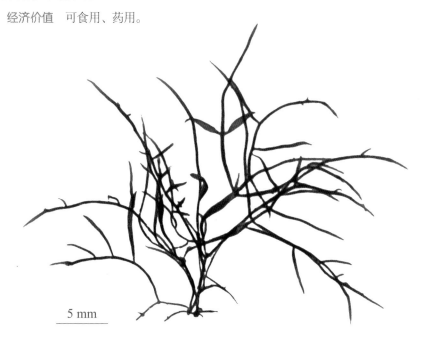

5 mm

异形石花菜

学　　名 *Gelidium vagum*

分类地位 红藻门真红藻纲石花菜目石花菜科石花菜属

形态特征 藻体紫红色或暗紫红色，直立生长，丛生或单生，高2.5～10 cm。分为固着器、主枝和分枝。固着器呈小盘状。主枝较扁，老时中央变厚，两侧较扁，宽度通常不一致。分枝向上变细，分枝形态与主枝相似。末端的分枝又短又细，呈圆柱状。

生态习性 固着生活，生长于低潮带的石块缝隙中或潮下带的岩礁上。

地理分布 在我国，异形石花菜自然分布于山东、河北、辽宁等地沿海。

经济价值 可食用、药用。

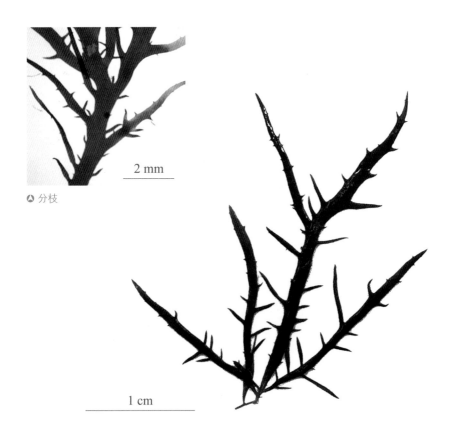

2 mm

⚠ 分枝

1 cm

拟鸡毛菜

1 cm

5 mm

学　　名　*Pterocladiella capillacea*

别　　名　鸡毛菜、鸡冠菜、冻菜渣渣、浅水、薄翼枝藻、翼枝藻

分类地位　红藻门真红藻纲石花菜目拟鸡毛菜科拟鸡毛菜属

形态特征　藻体软骨质，直立生长，单生或丛生，高5～15 cm。分为固着器、主枝和分枝。固着器呈纤细的假根状。主枝扁平。分枝的形态因所处环境的不同而异：生活在浅海的，羽状分枝较密，黄绿色；生活在深海的，羽状分枝较稀疏，紫红色。

生态习性　固着生活，生长于潮间带的岩礁上，包括高潮带的岩石迎浪面上。

地理分布　在我国，拟鸡毛菜自然分布于山东、辽宁等地沿海。

经济价值　可药用。

海头红

1 cm

学　　名　*Plocamium telfariae*

分类地位　红藻门真红藻纲海头红目海头红科海头红属

形态特征　藻体紫红色，扁平，膜质，直立生长，单生或丛生，高4～7 cm。分为固着器和分枝。固着器呈假根状。基部具有明显的匍匐茎。下部的分枝比上部的分枝长。

　　生态习性　固着生活，生长于低潮带或潮下带的岩礁上，或附生于其他藻体上。

　　地理分布　在我国，海头红自然分布于福建、浙江、山东、辽宁等地沿海。

　　经济价值　可药用。

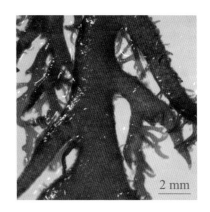

2 mm

3 mm

钝乳节藻

学　　名 *Dichotomaria obtusata*

分类地位 红藻门真红藻纲海索面目乳节藻科乳节藻属

形态特征 藻体玫瑰红色。分为固着器和分枝。节处有较深的缢缩。节间膨大，纵切面近似于矩形或椭圆形，节间高约20 mm，宽约4 mm。

生态习性 固着生活，生长于大潮低潮线附近的岩礁上。

地理分布 在我国，钝乳节藻自然分布于海南、广西、香港、台湾等地沿海。

经济价值 可药用。

1 cm

褐 藻

　　褐藻主要分布在海洋中，归属于棕色藻门的褐藻纲，因含有大量的类胡萝卜素（岩藻黄素）以及褐藻多酚而呈现出特殊的棕褐色。褐藻均属于大型藻类，具有丝状、带状和根叶状等藻体形态，并且在生活史中具有明显的不等世代交替。细胞壁成分为纤维素、褐藻酸和岩藻多糖硫酸酯。薄壁组织种类的细胞间具有胞间连丝或小孔。质体具有2层质体内质网膜。除了卵外，褐藻的生殖细胞多数可以游动，游动细胞的2根鞭毛通常位于体侧，不等长，一根向前，一根向后。褐藻的色素种类包括叶绿素a、叶绿素c1、叶绿素c2、β-胡萝卜素、墨角藻黄素、紫黄素、花药黄素和玉米黄素。

　　褐藻大部分种类生长在冷温带沿海的潮间带及潮下带区域，并且大型的宏观藻体以及群落成为上述区域的优势生物类群。尤其是在具有更绵长大陆架的北半球，褐藻的生物多样性和群落规模更为明显，尽管在种类数量方面少于红藻，但在总生物量方面却远远超过红藻。

　　本书重点介绍了23种常见海洋褐藻。

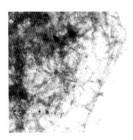

水云

羊栖菜

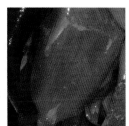

海带

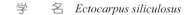

200 μm

水 云

学　名　*Ectocarpus siliculosus*

分类地位　棕色藻门褐藻纲水云目水云科水云属

形态特征　藻体浅黄褐色，丝状，通常高5～10 cm。分为固着器和丝状体。固着器小，呈盘状。丝状体的分枝互生或侧生，下部的分枝较紧密，上部的分枝较疏松，且由下向上逐渐变细，末端分枝有时呈毛状。

生态习性　固着或附着生活，生长于中潮带和低潮带的岩礁上或马尾藻等大型海藻上。

地理分布　在我国，水云自然分布于山东、辽宁等地沿海。

经济价值　可药用，可作为肥料。

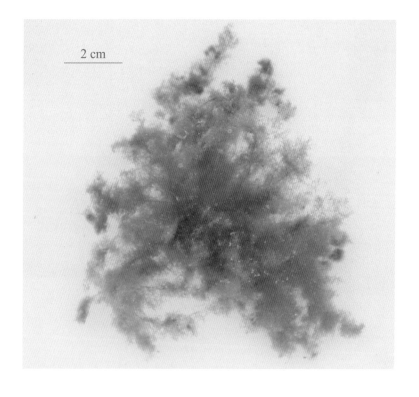

2 cm

囊 藻

学　名　*Colpomenia sinuosa*

分类地位　棕色藻门褐藻纲水云目萱藻科囊藻属

形态特征　藻体黄褐色至暗褐色，膜质，富有韧性，呈明显的中空囊状，可丛生分布，直径4～10 cm。分为固着器和囊状体。固着器呈盘状，不明显。藻体长成后往往有不规则的裂纹，或者破裂。

生态习性　固着生活，生长于海水较平静处的海藻上，或中、低潮带较为平缓的岩礁上。

地理分布　在我国，囊藻自然分布于海南、广西、广东、福建、浙江、山东、辽宁等地沿海。

经济价值　可食用、药用，可作为肥料。

1 cm

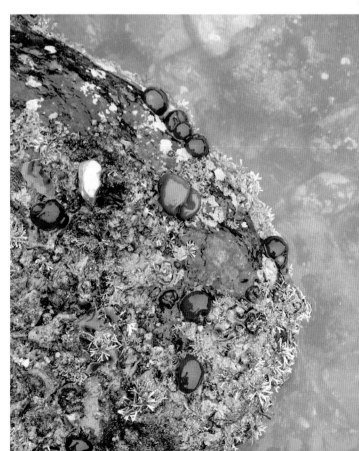

网胰藻

学　　名　*Hydroclathrus clathratus*

别　　名　猪油网、海腊、马骝毛

分类地位　棕色藻门褐藻纲水云目萱藻科网胰藻属

形态特征　藻体黄褐色，呈不规则的网状，一般高30 cm左右，可达1 m。

生态习性　固着生活，生长于低潮带或潮下带的岩礁上。

地理分布　在我国，网胰藻自然分布于海南、香港、台湾等地沿海。

经济价值　可作为饲料、肥料。

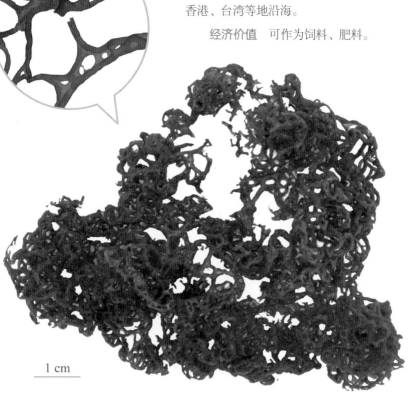

1 cm

黏膜藻

学　　名　*Leathesia marina*

分类地位　棕色藻门褐藻纲水云目索藻科黏膜藻属

形态特征　藻体浅褐色或深褐色，黏滑。分为固着器和囊状体。固着器为丝状假根。囊状体表面有许多凹陷，近球状、半球状或扩展成不规则外形，直径可达7 cm，通常聚生。藻体幼时中实，长大之后逐渐中空。

生态习性　固着生活，生长于潮间带的岩礁上或附生在其他大型海藻上。

地理分布　在我国，黏膜藻自然分布于山东、河北、辽宁等地沿海。

经济价值　可药用。

1 cm

8 cm

点叶藻

学　名 *Punctaria latifolia*

分类地位 棕色藻门褐藻纲水云目索藻科点叶藻属

形态特征 藻体浅黄褐色至橄榄色，薄膜质，叶状，丛生，高
10～25 cm。分为固着器、柄和叶片。固着器盘状。叶片基部呈楔
形、卵形或心脏形，柄极短。叶片窄细至广披针形，宽2～8 cm，
通常顶端较钝，有时顶端尖细，表面散布暗褐色小点。藻体下部的
叶片较厚。

生态习性 固着生活，生长于低潮带的石沼中、岩礁上或大型
藻体上。

地理分布 在我国，点叶藻自然分布于山东、辽宁等地沿海。

经济价值 可药用，可作为肥料。

网地藻

学　　名　*Dictyota dichotoma*

分类地位　棕色藻门褐藻纲网地藻目网地藻科网地藻属

形态特征　藻体黄褐色，膜质，叶状，高7～12 cm。分为固着器和分枝。固着器盘状。分枝二叉状，顶端圆形，下部较宽，上部渐变狭。藻体除了基部之外，边缘常具有育枝。

生态习性　固着生活，生长于低潮带的石沼中或岩礁上。

地理分布　在我国，网地藻自然分布于福建、浙江、山东、辽宁等地沿海。

经济价值　可食用、药用，可作为饲料。

2 cm

波状网翼藻

学　　名　*Dictyopteris undulata*

分类地位　棕色藻门褐藻纲网地藻目网地藻科网翼藻属

2 cm

固着器 ▷

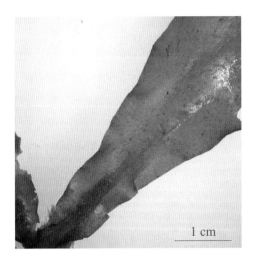

⬆ 叶片

　　形态特征　藻体褐色，接触空气后变为蓝绿色，叶状，直立生长，高10～25 cm。分为固着器和叶片。固着器呈圆锥状。分枝不规则叉状或近羽状。叶片两侧呈波状，有时裂成小齿状的裂片。叶片表面有褐色茸毛。叶腋为锐角，中肋隆起。

　　生态习性　固着生活，生长于低潮带的石沼中或岩礁上。

　　地理分布　在我国，波状网翼藻自然分布于广东、台湾、山东、辽宁等地沿海。

　　经济价值　可食用、药用，可作为饲料。

南方团扇藻

2 cm

学　　名　*Padina australis*

分类地位　棕色藻门褐藻纲网地藻目网地藻科团扇藻属

形态特征　藻体棕褐色，稍厚，膜质，成体略钙化，高8～12 cm。分为固着器、柄和叶片。固着器盘状。柄短，有褐色绒毛。叶片呈扇形，多层，常分裂成几个同形的扇形裂片，边缘卷曲。扇形叶片上、下表面有毛，排成若干行同心纹。

生态习性　固着生活，生长于低潮带的石沼中或岩礁上。

地理分布　在我国，南方团扇藻自然分布于海南、广东、香港、台湾、山东等地沿海。

经济价值　可药用。

酸 藻

2 cm

学　　名　*Desmarestia viridis*

分类地位　棕色藻门褐藻纲酸藻目酸藻科酸藻属

形态特征　藻体浅褐色，离水死亡不久即变为青绿色，长可达1 m。分为固着器和分枝。固着器呈盘状。分枝繁密，近圆柱状，有中轴。上部的分枝逐渐变细，呈细毛状。

生态习性　固着生活，生长于低潮带的石沼中或岩礁上。

地理分布　在我国，酸藻自然分布于山东、河北、辽宁等地沿海。

经济价值　可作为饲料。

铁钉菜

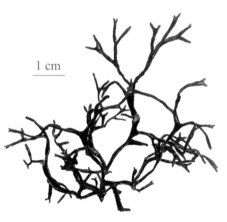

1 cm

学　名　*Ishige okamurai*

分类地位　棕色藻门褐藻纲铁钉菜目铁钉菜科铁钉菜属

形态特征　藻体暗褐色，干后呈黑色。藻体软骨质，高4～15 cm。分为固着器、柄和分枝。固着器呈小盘状。柄为圆柱形短柄。分枝呈细圆柱状，有的略扁，稍带棱角，短柄长1～2 cm。小枝近似圆柱状，略扁，中间部分宽1～2 mm，顶端逐渐变尖。

生态习性　固着生活，生长于中、高潮带的岩礁迎浪面上。

地理分布　在我国，铁钉菜自然分布于广东、福建、浙江等地沿海。

经济价值　可食用、药用。

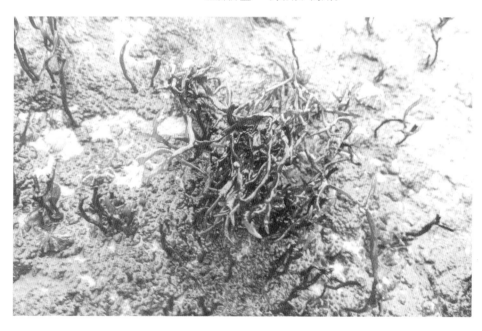

绳　藻

学　　名　*Chorda filum*

别　　名　海嘎子、海麻线、麻绳菜

分类地位　棕色藻门褐藻纲海带目绳藻科绳藻属

形态特征　藻体褐色，黏滑，绳状，不分枝，丛生，高0.3～3 m，宽1.5～3 mm。分为固着器和管状体。固着器盘状。管状体有时扭曲，呈螺旋状；藻体两端逐渐变细，上部中空，下部中实，中空部分被横隔膜隔成多个腔。

生态习性　固着生活，生长于低潮带的石沼中或岩礁上。

地理分布　在我国，绳藻自然分布于河北等地沿海。

经济价值　可食用、药用。

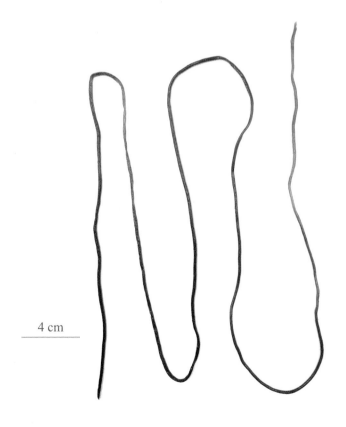

4 cm

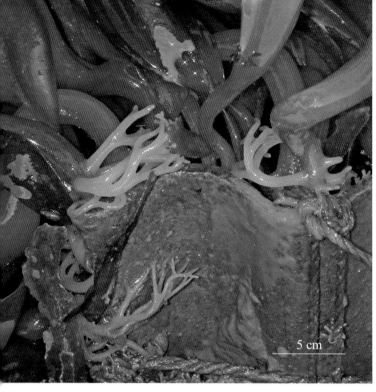

柄和固着器

50 cm

5 cm

海 带

学　　名　*Saccharina japonica*

分类地位　棕色藻门褐藻纲海带目海带科糖藻属

形态特征　藻体褐色，扁平带状，有光泽，长2～5 m。分为固着器、柄和叶片。幼时固着器为盘状，之后逐渐分生出二叉分枝的假根。柄呈圆柱状或扁圆柱状。叶片着生在柄的上部，带状，无分枝，又扁又宽，中央较厚，边缘较薄且有褶皱。

生态习性　固着生活，生长于中、高潮带的岩礁迎浪面上。

地理分布　在我国，海带自然分布于山东、辽宁等地沿海，养殖于广东、福建、浙江、山东、辽宁等地沿海。

经济价值　可食用、药用。

裙带菜

学　　名　*Undaria pinnatifida*

别　　名　海芥菜、和布、若布

分类地位　棕色藻门褐藻纲海带目翅藻科裙带菜属

形态特征　藻体褐绿色，外形似开裂的扇形，高1～2 m，宽50～100 cm。分为固着器、柄和叶片。固着器由二叉分枝的假根组成，假根的末端略粗大。柄稍长，呈扁圆柱体，中间略隆起。叶片的中部有柄部伸长而形成的中肋，两侧形成羽状裂片。叶面上有许多黑色小斑点，为黏液腺细胞向表层的开口。

生态习性　固着生活，生长于低潮带或大潮低潮线下的岩礁上。

地理分布　在我国，裙带菜自然分布于浙江、山东、辽宁等地沿海，养殖于山东、辽宁等地沿海。

经济价值　可食用、药用。

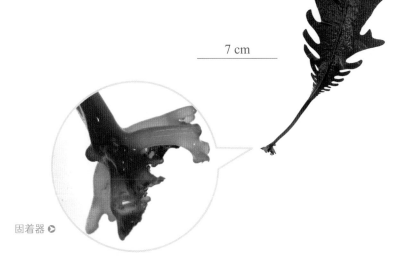

7 cm

固着器 ▶

气囊

羊栖菜

学　　名 *Sargassum fusiforme*

别　　名 小叶海藻、胡须泡、落首、鹿尖子、杨家菜、杨角子、海菜芽、羊奶子、海大麦、海茜、虎茜、钓滚菜、乌菜、六角菜、秧菜、玉草、茜米、玉茜、龟鱼茜、虎茜菜

分类地位 棕色藻门褐藻纲墨角藻目马尾藻科马尾藻属

1 cm

2 cm

生殖托 ⚫

5 mm

形态特征　藻体黄褐色，枝叶状体，脆而富含水分，高30～50 cm，最长达3 m以上。株高因养殖群体与自然群体以及分布环境的不同而差异较大。分为固着器、主枝、分枝、叶片和气囊。固着器为圆柱状的假根，其上可分生出多个主枝。主枝直立，圆柱状。初生分枝和次生分枝均为圆柱状，表面光滑，次生分枝较短。气囊有柄，细长且顶端带刺。

生态习性　固着生活，生长于低潮带、潮下带的岩礁上。

地理分布　在我国，羊栖菜自然分布于广东、福建、浙江、山东、辽宁等地沿海，养殖于浙江沿海。

经济价值　可食用、药用。

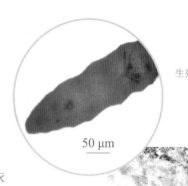

生殖

半叶马尾藻中国变种

学　　名　*Sargassum hemiphyllum* var. *chinense*

别　　名　半叶马尾、矶藻、草茜、海茜、玉海藻、海蓑衣

分类地位　棕色藻门褐藻纲墨角藻目马尾藻科马尾藻属

形态特征　藻体黄褐色，枝叶状体，通常高80～100 cm。分为固着器、主枝、分枝、叶片和气囊。固着器呈假根状。主枝和初生分枝呈圆柱状或稍扁。叶片无中肋，叶缘有粗齿，左右不对称。气囊为椭球状，顶部较圆或具有舌状冠叶。

2 cm

50 μm

固着器 ▷

　　生态习性　固着生活，生长于中、低潮带的石沼中或潮下带的岩礁上。

　　地理分布　在我国，半叶马尾藻中国变种自然分布于广东、福建、浙江等地沿海。

　　经济价值　可药用，可作为饲料、肥料。

亨氏马尾藻

学　　名　*Sargassum henslowianum*

别　　名　灯笼茜、总状马尾藻、总状托马尾藻、柱枝马尾藻、海茜

分类地位　棕色藻门褐藻纲墨角藻目马尾藻科马尾藻属

形态特征　藻体黑褐色，枝叶状体，高约1 m。分为固着器、主枝、分枝、叶片和气囊。固着器呈盘状。主枝呈圆柱状，较短，表面有瘤状突起。初生分枝下部的叶片较厚，披针形。次生分枝上的叶片为窄披针形或线状。气囊通常为球状或扁球状。

生态习性　固着生活，生长于低潮带至潮下带较深处的岩礁上。

地理分布　在我国，亨氏马尾藻自然分布于香港、广东、福建等地沿海。

经济价值　可食用、药用，可作为饲料。

8 cm

1 cm

⚠ 生殖托

铜 藻

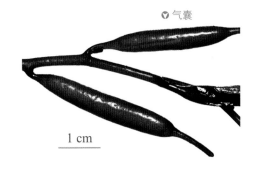

▽气囊

学　　名 *Sargassum horneri*

别　　名 柱囊马尾藻、海柳麦、草
茜、油菜、竹茜菜、海草、玉海藻

分类地位 棕色藻门褐藻纲墨角藻目
马尾藻科马尾藻属

1 cm

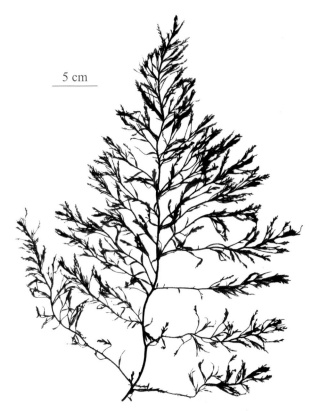

5 cm

形态特征 藻体黄褐色，枝叶状体，高50～200 cm。分为固着器、主枝、分枝、叶片和气囊。固着器呈裂瓣状。主枝及分枝较细。叶片有中肋，至叶尖处中肋逐渐消失。叶基部的边缘常向中肋处深裂，叶尖稍钝。气囊为长纺锤状，两端尖细，顶端有1个小裂叶。气囊在分枝上常排列成总状。

生态习性 固着生活，生长于大潮低潮线下的岩礁上。

地理分布 在我国，铜藻自然分布于广东、浙江、山东、辽宁等地沿海。

经济价值 可药用，可作为饲料。

1 cm

◀ 叶片与气囊

鼠尾藻

学　名　*Sargassum thunbergii*

别　名　马尾茜、谷穗果、谷穗子、谷穗蒿、岱头子、老鼠尾、虎茜泡、马尾、卜卜菜

分类地位　棕色藻门褐藻纲墨角藻目马尾藻科马尾藻属

形态特征　藻体黄色至黑褐色，枝叶状体，通常高30～50 cm，可达120 cm。分为固着器、主枝、分枝、叶片和气囊。固着器呈盘状。主枝短而粗，向上长出数条鼠尾状的初生分枝。初生分枝呈圆柱状，从初生分枝分生出短而密的次生分枝。叶片与气囊较小，生于次生分枝上。叶片呈丝状，形态多变。气囊为纺锤状，有细柄，顶部较尖。

生态习性　固着生活，生长于中、低潮带的岩礁上，或中、高潮带的水洼或石沼中。

地理分布　在我国，鼠尾藻自然分布于广西、广东、福建、浙江、山东、河北、辽宁等地沿海。

经济价值　可药用，可作为饲料。

1 cm

拟小叶喇叭藻

分枝 ▶

5 mm

学　　名　*Turbinaria conoides*

别　　名　小喇叭藻

分类地位　棕色藻门褐藻纲墨角藻目马尾藻科喇叭藻属

形态特征　藻体黄褐色，叶状体呈喇叭状，中央部凹陷，高20～30 cm。分为固着器、主枝、分枝、叶片和气囊。固着器呈盘状。主枝近圆柱状，表面光滑。基部的分枝通常比上部的分枝长。叶片伸展，比较大，长10～15 mm。叶片顶面观为三角形，边缘有尖的锯齿。气囊由叶片膨大而成。

生态习性　固着生活，生长于低潮带和潮下带的珊瑚礁或岩礁上。

地理分布　在我国，拟小叶喇叭藻自然分布于海南、广西、台湾等地沿海。

经济价值　可药用。

4 mm

△ 叶片与气囊

3 cm

海洋微藻

  海洋微藻是单细胞的海洋藻类的统称。绝大多数的海洋藻类都是微藻，并且微藻分别属于多个海洋藻类的门类和类群，如大多数的绿藻、部分红藻、全部的定鞭藻、全部的甲藻以及除了褐藻之外全部的棕色藻等。

  大多数海洋微藻具有鞭毛，可以游动生活；而大多数硅藻则通过滑动营底栖生活；此外，还有部分微藻因具有较强的浮力，可以悬浮生活。大多数海洋微藻生活在海洋表层，分布十分广泛。近岸海洋中因具有丰富的营养盐，微藻的分布密度较高，个体密度可达每毫升1 000个以上；而在赤潮暴发期间，个体密度可达每毫升10万个以上。这些海洋微藻因接受光照的强弱不同、细胞增殖速度不同、适宜生活的水温和盐度不同、需要的营养元素种类和浓度不同，而存在着强烈的种间竞争，明显表现出不同水层、不同季节和不同营养元素差异下的周期性交替。

  本书重点介绍了12种常见海洋微藻。

钝顶螺旋藻

辐射圆筛藻

具尾鳍藻

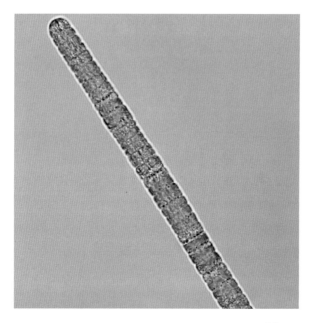

10 μm

钝顶螺旋藻

学　　名　*Arthrospira platensis*

分类地位　蓝细菌门蓝细菌纲颤藻目Microcoleaceae科节旋藻属

形态特征　藻体为丝状体。藻丝蓝绿色，螺旋状，宽4～5 μm，长400～600 μm，无横隔壁。藻丝的顶端细胞钝圆，无异形胞。

生态习性　浮游生活。

地理分布　在我国，钝顶螺旋藻自然分布于海南、广东等地沿海和云南。

辐射圆筛藻

学　　名　*Coscinodiscus radiatus*

分类地位　硅藻门中心纲圆筛藻目圆筛藻科圆筛藻属

形态特征　藻体呈扁盘状，壳面平坦，壳环面薄。孔纹粗糙，间隙较大，辐射状排列，同一列中的孔纹大小不一，相互掺杂，壳缘的孔纹较小。

生态习性　浮游生活。

地理分布　在我国，辐射圆筛藻自然分布于各地沿海，是我国沿海最常见的种类之一。

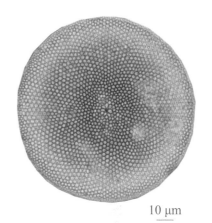

10 μm

中肋骨条藻

学　　名　*Skeletonema costatum*

分类地位　硅藻门中心纲圆筛藻目骨条藻科骨条藻属

形态特征　藻体细胞呈透镜状或圆柱状，壳面直径为6～22 μm，壳面圆而鼓起。壳周缘长有一圈细长的刺，相邻细胞通过这样的刺相接组成长链。质体通常呈现2个，位于壳面，各向一面弯曲。细胞核在细胞中央。

生态习性　浮游生活。

地理分布　中肋骨条藻是我国沿海常见的无毒赤潮种类。

10 μm

梭角藻

学　　名	*Ceratium fusus*
分类地位	甲藻门横裂甲藻纲膝沟藻目角藻科角藻属

形态特征　藻体细长，前后延伸，长300～550 μm，宽15～29 μm。直或轻微弯曲，有1个前角和2个后角，右后角常退化。横沟部位最宽，几乎位于藻体的中部。壳表面有许多不规则的脊状网纹和刺胞孔。

生态习性　浮游生活。

地理分布　在我国，梭角藻自然分布于各地沿海内湾，是内湾赤潮种类。

具尾鳍藻

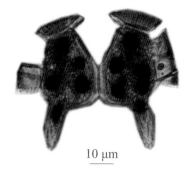

学　　名	*Dinophysis caudata*
分类地位	甲藻门横裂甲藻纲鳍藻目鳍藻科鳍藻属

形态特征　藻体侧面扁平，长70～100 μm，宽39～51 μm。藻体下壳长，后部延伸成突起。上边的"翅"向上伸展，呈漏斗形，有辐射状肋；下边的"翅"窄，无肋。

生态习性　浮游生活。

地理分布　在我国，具尾鳍藻主要分布于海南、广东等地沿海，是有毒赤潮种类。

锥形多甲藻

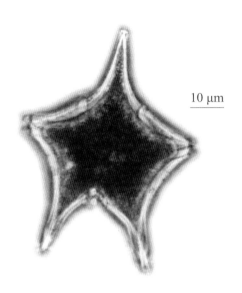

10 μm

学　　名　*Peridinium conicum*

分类地位　甲藻门横裂甲藻纲多甲藻目多甲藻科多甲藻属

形态特征　藻体双锥形，背腹扁平，高70～80 μm。藻体下壳侧面略凹陷，末端明显叉分成2个后角，但底角短。细胞表面呈网状。

生态习性　浮游生活。

地理分布　在我国，锥形多甲藻自然分布于各地沿海，是广温性种类。

链状裸甲藻

学　　名　*Gymnodinium catenatum*

分类地位　黏孢子门甲藻纲裸甲藻目裸甲藻科裸甲藻属

形态特征　藻体有游泳单细胞体和链状群体2种。游泳单细胞体为长卵形，长48～65 μm，宽30～43 μm。上壳呈顶端略平的圆锥形，明显比下壳小。侧面观顶端略倾斜，背部向外突出。横沟深，位于细胞中下部。纵沟始于细胞近顶端处。横沟两端略呈S形。顶沟始于纵沟前端，绕顶端1周。细胞表面有小的起伏和纵向条纹。细胞核位于细胞中央。细胞内密布黄褐色小质体，常见脂肪粒和淀粉粒等贮存物。链状群体的细胞数一般在16个以上，最多可达64个。细胞下壳显著内凹，与下面细胞的上壳嵌合。

生态习性　浮游生活。

地理分布　在我国，链状裸甲藻自然分布于广东、香港、福建等地沿海。

10 μm

短凯伦藻

学　　名　*Karenia brevis*

分类地位　黏孢子门甲藻纲裸甲藻目Brachidiniaceae科凯伦藻属

形态特征　藻体细胞小型。背腹侧扁。上壳圆锥形，轻度二裂。腹侧凹陷，背侧突起。横沟具有纵向的鞘脊。横沟中位，下旋，位移可达横沟宽度的2倍。纵沟侵入上鞘，达上壳高度的1/3。顶沟从纵沟在上壳末梢处的右侧开始，从上壳腹侧延伸直至上壳背侧。顶沟右边加厚。腹脊有波动，容易鉴别。细胞核球状，位于细胞左后部。质体位于细胞周缘。常形成链状群体。

生态习性　浮游生活。

地理分布　在我国，短凯伦藻自然分布于广东沿海，是有毒赤潮种类。

小贴士

短凯伦藻可产生神经性贝类毒素。

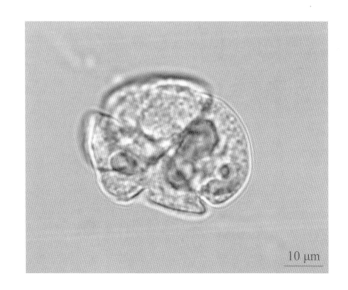

10 μm

海洋尖尾藻

学　　名　*Oxyrrhis marina*

分类地位　黏孢子门甲藻纲尖尾藻目尖尾藻科尖尾藻属

形态特征　藻体细胞为长卵形，后端稍尖，腹面观长8~24 μm，宽6~20 μm。细胞后部腹面和左侧面凹陷。触手叶位于腹面凹陷的中央，梨形。横沟范围不明显，没有后边缘。纵沟宽，洼状，从触手叶的右边直通到细胞后部腹面底端。鞭毛2根，表面有纤细的毛和小鳞片。横鞭毛从触手叶基部左侧伸出。纵鞭毛比藻体长，从触手叶的右侧伸出。细胞核大，椭球状，位于细胞的前端。细胞质内含有食物泡。

生态习性　浮游生活。

地理分布　在我国，海洋尖尾藻自然分布于广东沿海。

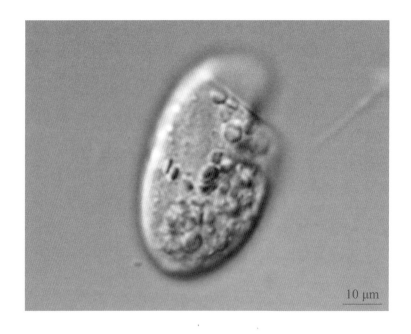

10 μm

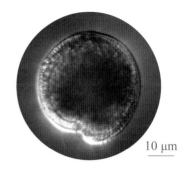

10 μm

具毒冈比甲藻

学　　名　*Gambierdiscus toxicus*

分类地位　黏孢子门甲藻纲膝沟藻目Ostreopsidaceae科冈比藻属

形态特征　藻体细胞侧面轮廓像双凸透镜，长24～60 μm，宽42～140 μm。甲板排列依次如下：顶孔、顶板4片、沟前板6片、连接板6片、沟后板6片、底板2片。第一顶板与第六沟前板都很小并互相连接。沟翅宽，甲板厚，其上有小网眼。质体明显。

生态习性　浮游生活。

地理分布　在我国，具毒冈比甲藻自然分布于西沙群岛海域。

卡特前沟藻

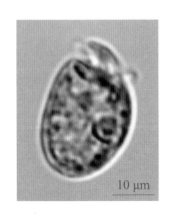

10 μm

学　　名　*Amphidinium carterae*

分类地位　黏孢子门甲藻纲前沟藻科前沟藻属

形态特征　藻体细胞小型，双锥形，长11～24 μm，宽6～17 μm，具有纵生的嵴。上壳长度不大于体长的1/3。横沟前位。质体紧贴体壁，内含蛋白核，色素含量低。细胞表面覆盖多糖蛋白质复合物。

生态习性　浮游生活。

地理分布　在我国，卡特前沟藻自然分布于南海。

盐生杜氏藻

学　　名　*Dunaliella salina*

分类地位　绿藻门绿藻纲衣藻目杜氏藻科杜氏藻属

形态特征　藻体单细胞，卵形、椭球形或梨形，长16～24 μm。质体杯状，绿色，内含1个较大的蛋白核。细胞壁呈现出微弱的红色。眼点位于细胞的前半部。细胞前段一般凹陷，在凹陷处有2根等长的鞭毛，鞭毛比细胞长约1/3。

生态习性　浮游生活。

地理分布　盐生杜氏藻在我国沿海、盐田、盐水湖内均有分布，在海南、内蒙古等地有养殖。

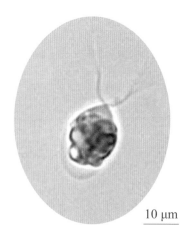

10 μm

海　草

　　海草是一类生活于近海浅水的单子叶草本植物，一年生或多年生。

　　海草具有与其他陆生植物类似的器官和组织。地下的茎和根通常起固定、储藏和吸收的作用，地上部分是柔软的叶片。为适应海洋环境，不同种属的海草在外观上表现出高度的一致性，都有发达的根、茎。海草的根为不定根，通常从茎节上向下长出须根。所有海草的根尖具有明显的根冠。根冠位于根尖的最前端，套在分生区外面，保护内部的分生组织细胞。海草的根一般都不太深，但是茂密且交错在一起，能很好地固定在底质中。海草的根状茎沿水平方向匍匐生长，多个个体在底质上交织生长形成海草床。茎上通常有环状的节。根状茎大多较纤细，仅有喜盐草属为肉质茎。海草叶柔软，有带状、线状、披针形、卵圆形、椭圆形等，以带状和线状居多。叶内部有规则排列的气腔，易于漂浮和进行气体交换。叶表面没有或有很少角质层，有助于吸收营养物质。在叶的基部具有膜质的叶鞘。喜盐草属的叶比较特殊，为椭圆形，不具有叶鞘和气腔。

　　海草床作为全球重要的海滨生态系统，是生物圈中最具生产力的生态系统之一，在全球碳、氮、磷循环中扮演着无可替代的重要角色。海草床可以为一些幼鱼和贝类提供庇护场所、栖息地、育幼场所和觅食场所，海草的叶和地下根、茎还为儒艮、绿海龟、水鸟、鱼类、海胆等提供了直接的食物来源。

本书重点介绍了10种常见海草。

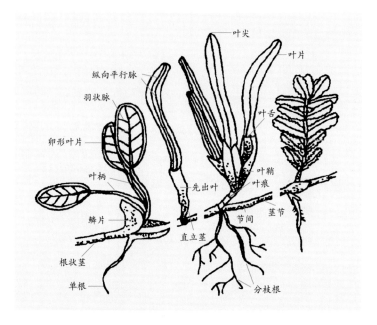

海草结构示意图（引自Phillips等，1998）

1 mm

叶尖 ▶

圆叶丝粉草

学　　名　*Cymodocea rotundata*

别　　名　丝粉藻、海神草

分类地位　被子植物门单子叶植物纲泽泻目丝粉草科丝粉草属

形态特征　根状茎匍匐生长，较纤细，节间生有1～3条略粗而不规则分枝的根和1条短缩的直立茎。直立茎顶端生有2～5个叶片。叶片线形，略呈镰刀状，长7～15 cm，宽4 mm以下，叶尖呈钝圆形或截形，有时两侧边缘有极细的齿。叶鞘微带紫色，顶端有1个略呈等腰三角形的叶耳，脱落后常在茎上形成闭合环痕。平行脉。花单性，雌雄异株。花单生于叶腋，无花被。果实半球状或半椭球状，侧扁，无柄。

生态习性　多年生沉水草本植物，固着生活。水媒传粉。

地理分布　在我国，圆叶丝粉草自然分布于海南、广东、台湾等地的泥沙质海湾。

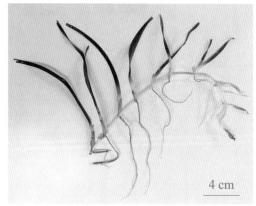

4 cm

3 cm

羽叶二药草

学　　名　*Halodule pinifolia*

别　　名　羽叶二药藻、圆头二药藻

分类地位　被子植物门单子叶植物纲泽泻目丝粉草科二药草属

形态特征　根状茎匍匐生长。节上生有椭圆形的膜质鳞片，每节生有2~3条须根。直立茎短，基部常被残存叶鞘包围。有1~4个叶，互生。叶片线形，扁平，长2~8 cm，宽0.6~1.2 mm。叶尖通常较平或钝圆，有时可见很不发达的齿。叶鞘贴近茎，叶耳和叶舌明显。平行脉3条，中脉明显。花小，单性，雌雄异株，无花被。坚果椭球状，喙侧生。

生态习性　多年生沉水草本植物，固着生活。水媒传粉。

地理分布　在我国，羽叶二药草自然分布于海南、广西、广东、台湾等地的泥沙质海湾。

100 μm

叶尖 ▶

1 mm

单脉二药草

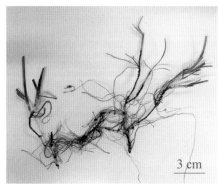

3 cm

学　　名　*Halodule uninervis*

别　　名　二药藻

分类地位　被子植物门单子叶植物纲泽泻目丝粉草科二药草属

形态特征　根状茎匍匐生长。节上生有1～6条须根。直立茎短，基部常被残存叶鞘包围。叶互生。叶片线形，长4～15 cm，宽0.25～3.5 mm，上部有时稍弯曲，呈镰刀状，基部逐渐狭窄。叶尖常具有3个齿，两侧的齿略向外斜。叶鞘呈扁筒状，初时贴近茎，而后游离。叶耳和叶舌明显。平行脉3条，中脉明显。花小，单性，雌雄异株，无花被。坚果椭球状，略扁，喙顶生。

生态习性　多年生沉水草本植物，固着生活。水媒传粉。

地理分布　在我国，单脉二药草自然分布于海南、广西、广东、台湾等地的泥沙质海湾。

针叶草

◀ 叶尖

1 mm

学　　名　*Syringodium isoetifolium*

别　　名　针叶藻

分类地位　被子植物门单子叶植物纲泽泻目丝粉草科针叶草属

　　形态特征　根状茎纤细，匍匐生长，每节生有1～3条须根。直立茎短，节间明显短缩。叶2～3个，互生，常生于短缩直立茎的上部。叶片呈针状，长7～10 cm，宽1～2 mm。叶基部鳞片长约5 mm，较早脱落。叶鞘通常呈红色，有叶耳和叶舌。聚伞花序，花单性，雌雄异株。果实斜椭球状，有喙。

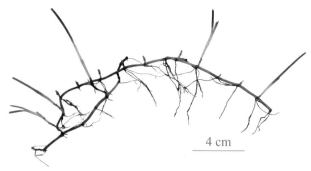

4 cm

　　生态习性　多年生沉水草本植物，固着生活。水媒传粉。

　　地理分布　在我国，针叶草自然分布于海南、广西、广东、台湾等地的泥沙质海湾。

海菖蒲

6 cm

学　　名 *Enhalus acoroides*

分类地位 被子植物门单子叶植物纲泽泻目水鳖科海菖蒲属

形态特征 根状茎匍匐生长，节密集，外包有许多粗纤维状的残留叶鞘。须根粗壮，无直立茎。叶2~6个，对生。叶片椭圆形或线形，长3~15 cm，宽1.25~1.75 mm，通常扭曲，全缘，顶端钝圆，基部有膜质叶鞘。平行脉，靠近叶片边缘的叶脉较粗。雌雄异株。雄花萼片3个，白色，椭圆形；花瓣3个，白色。雌花萼片浅红色，花瓣白色。蒴果椭球状，肉质。

生态习性 多年生沉水草本植物，固着生活。风媒传粉。花期在5月份。

地理分布 在我国，海菖蒲自然分布于海南等地的泥沙质海湾。

贝克喜盐草

学　　名 *Halophila beccarii*

别　　名 无横脉喜盐草

分类地位 被子植物门单子叶植物纲泽泻目水鳖科喜盐草属

形态特征 根状茎匍匐生长，纤细，每节生有根1条、叶鞘2个。直立茎短。叶4～10个，成簇生于直立茎顶端。叶片长椭圆形或披针形，长6～13 mm，宽1～2 mm，顶端钝圆或较尖，基部楔形。叶片无毛，草绿色，干燥后褐色，全缘，有时带小刺。中脉较宽，明显，无横脉。叶柄有膜质的透明鞘，顶端钝圆。叶鞘贴近茎，膜质，透明。花单性，雌雄同株。蒴果椭球状，喙较尖锐，果皮膜质。

生态习性 多年生沉水草本植物，固着生活。水媒传粉。

地理分布 在我国，贝克喜盐草自然分布于海南、广西、广东、香港、台湾等地的泥沙质海湾。

2 mm

小喜盐草

◁ 叶片

5 mm

学　名　*Halophila minor*

分类地位　被子植物门单子叶植物纲泽泻目水鳖科喜盐草属

形态特征　根状茎匍匐生长，纤细，易断，多分枝。每节生有纤细根1条、叶鞘2个。叶2个，从叶鞘腋部生出。叶片绿色，半透明，长椭圆形或椭圆形，长7~12 mm，宽3~5 mm，全缘。叶片顶端较钝或有小尖头；基部较钝，或呈短楔状，或骤缩下延至叶柄。叶鞘透明，突起或折叠生长，椭圆形或近圆形，顶端急遽变尖或微缺，基部呈耳状。叶脉3条，中脉明显，次级横脉不明显。花单性，雌雄异株。蒴果椭球状或球状，有喙，果皮膜质。

1 cm

生态习性　多年生沉水草本植物，固着生活。水媒传粉。

地理分布　在我国，小喜盐草自然分布于海南、广西、香港等地的泥沙质海湾。

▲ 叶尖

卵叶喜盐草

学　　名　*Halophila ovata*

别　　名　喜盐草

分类地位　被子植物门单子叶植物纲泽泻目水鳖科喜盐草属

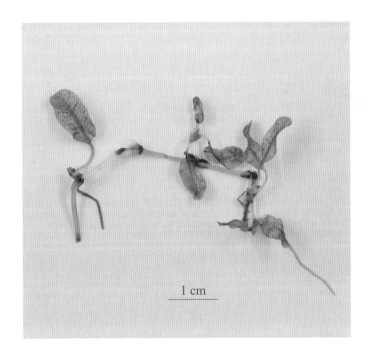

1 cm

形态特征　根状茎匍匐生长，细长，易折断。每节生有细根
1条。直立茎不明显。叶对生。叶片浅绿色，有褐色斑纹，半透
明，薄膜状，长椭圆形或椭圆形，长1～4 cm，宽0.5～2 cm。花
单性，雌雄异株。蒴果近球状，肉质。种皮上有疣状突起和网状
纹饰。

生态习性　多年生沉水草本植物，固着生活。水媒传粉。生
长于热带海域的卵叶喜盐草可以全年开花。

地理分布　在我国，卵叶喜盐草自然分布于海南、广西、
广东、香港、台湾等地的泥沙质海湾，是我国热带海域分布最
为广泛的海草。

泰来草

学　名　*Thalassia hemprichii*

别　名　泰来藻、海龟草、海黾草

分类地位　被子植物门单子叶植物纲泽泻目水鳖科泰来草属

形态特征　根粗壮，为有分枝的不定根，生于根状茎的节上。根状茎较长，呈圆柱状，横向生长，有明显的节和节间，节上长出直立茎。叶互生。叶片带状，弯曲，略呈镰刀状，全缘。叶基部有膜质叶鞘，叶鞘常残留于直立茎上，形成密集环纹。平行脉10～17条。花单性，雌雄异株。蒴果球状，浅绿色，有喙。

生态习性　多年生沉水草本植物，固着生活。水媒传粉。

地理分布　在我国，泰来草自然分布于海南、广东、台湾等地的泥沙质海湾。

6 cm

鳗 草

学　名　*Zostera marina*

别　名　大叶藻、海带、海马蔺、海草、海带草

分类地位　被子植物门单子叶植物纲泽泻目鳗草科鳗草属

形态特征　根状茎匍匐生长，分成许多节，每节生有丛生须根和1个初生叶。直立茎从根状茎生出，浅绿色，膜质，呈扁平的管状。初生叶只有叶鞘而无叶片。叶片长条形，长30～50 cm。叶鞘膜质，管状，后期呈不规则的撕裂状。花较小，单性，雌雄同株，没有花被，雌花、雄花交互排列于花序轴两侧。果实椭球状，有喙，外果皮褐色，有纵纹。

生态习性　多年生沉水草本植物，固着生活。半水媒传粉。花果期在3～7月份。

地理分布　在我国，鳗草自然分布于山东、河北、辽宁等地的泥沙质海湾。

经济价值　可药用。

◀ 叶尖

1 mm

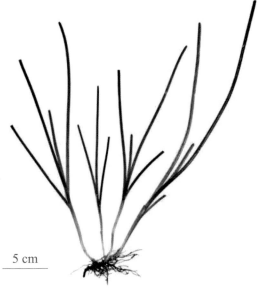

5 cm

红树植物

红树植物是指生长在热带和亚热带陆地与海洋交界处的多年生植物，根和树干中富含单宁类物质而呈现红色，因而被称为"红树"。红树植物生长在潮间带上部，受周期性潮水浸淹，形成了以常绿灌木或乔木为主体的湿地植物群落——红树林。关于红树植物的组成，国内外有不同的见解。本书中红树植物仅指真红树植物，即只能生活在每日可受潮水浸润、有干湿交替的潮间带的木本和草本植物。

红树植物具有典型的陆生植物特征，具有根、茎、叶、花、果实和种子的构造。红树植物具有4种繁殖方式，即胎生、隐胎生、在土壤正常萌发和营养繁殖。胎生是红树植物适应海洋环境的特殊机制，其后代早熟且依附在母体植株上继续生长。真正的胎生物种的后代会依附在母体植株上1年，而隐胎生的后代只依附1~2个月。胎生的红树植物也是经开花、传粉、受精而最终产生种子，但是与大多数植物不同的是，种子即使成熟了，也不从树上脱落。种子的胚一般不经过休眠，直接在树上的果实中萌发。种子萌发的时候，下胚轴明显伸长，逐渐突破果皮，形成尖长的胎生苗。胎生苗从母体植株吸收营养，并利用胚轴上的皮孔呼吸，逐渐发育。胎生苗脱离母体植株，由于地心引力，再加上其下端的密度比上端大，可以直直落下并插入软泥。胎生苗生根的能力很强，插到泥中数小时后，下端就能长出侧根。胎生苗进一步固定，并靠这些根吸收养料，上端则抽出茎、叶。由于在母体植株就积累了大量的能量，并处于萌发前的状态，因此在短短的几个小时内，胎生苗就能形成新的独立植株。若胎生苗未能插到泥中，或在涨潮时落到水中，因为其密度小于海水，且体内储存了大量的能量，所以也能随波逐流，历经数月不死。胎生苗体内含有单宁等化学成分，能防止水侵腐烂，也能避免海里的动物啃食。胎生苗一旦漂流到适宜生活的地区，遇到泥沙就能很快生根发芽。

　　红树林是世界四大最富生物多样性的海洋生态系统之一。在红树林生态系统中，红树植物是最大的生产者，在红树林生态系统的形成与发展中起着主导作用。

　　本书重点介绍了34种常见红树植物。

叶片 ▶

2 cm

阔苞菊

分枝 ▼   根部 ▼

学　　名 *Pluchea indica*

别　　名 格杂树、栾樨

分类地位 被子植物门双子叶植物纲菊目菊科阔苞菊属

形态特征 植株高2～3 m。分枝有明显的细沟纹，幼枝被短柔毛，随后毛脱落。单叶互生。植株下部的叶无柄或几乎无柄，叶面稍被粉状短柔毛或无毛，叶背面无毛或沿中脉被稀疏的毛，有时仅有泡状小突点。植株中部和上部的叶无柄，边缘有较密的细齿或锯齿，两面被卷曲的短柔毛。头状花序在枝顶组成伞房花序。雌花多层，花冠丝状。两性花较少，花冠管状。瘦果，圆柱状，有4条棱，被稀疏的毛，冠毛白色。

生态习性 多年生常绿灌木，生长于红树林内缘、鱼塘堤岸、水沟两侧、沙地等，是典型的海岸植物。花期为全年。

地理分布 在我国，阔苞菊自然分布于海南、广西、广东、香港、福建、台湾等地沿海。

经济价值 鲜叶与米磨烂做成糍粑，称"栾樨饼"，有暖胃去积功效。

水 椰

学　　名　*Nypa fruticans*

别　　名　露壁、烛子

分类地位　被子植物门单子叶植物纲棕榈目棕榈科水椰属

形态特征　根状茎粗壮，匍匐状，丛生。叶片羽状全裂，坚硬，长4～7 m。羽片多个，线状披针形，整齐排列，长50～80 cm，宽3～5 cm，顶端急遽变尖，全缘。中脉突起。花序长1 m或更长。雄花序穗状，着生于雌花序的旁侧；雌花球状，顶生。果序球状，有32～38个成熟的心皮。核果，褐色，发亮，扁椭球状，有6条棱，顶端较圆，基部逐渐狭窄。种子椭球状或近球状，胚乳白色。

生态习性　多年生常绿灌木，生长于咸、淡水汇合的河口、河滩，或红树林最内缘，生长地势一般较高。显胎生。花期和果期几乎为全年。

地理分布　在我国，水椰仅分布于海南沿海。

经济价值　果实富含淀粉和糖类，嫩果可生食或糖渍。花序汁液含糖，可制糖、酿酒、制醋。叶可盖屋，也可用于编织篮子等用具。

◀ 根部

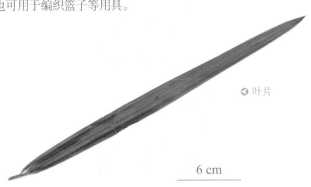

◀ 叶片

6 cm

海滨猫尾木

学　　名　*Dolichandrone spathacea*

别　　名　佛焰苞猫尾木

分类地位　被子植物门双子叶植物纲葫芦目紫葳科猫尾木属

形态特征　植株高5～20 m。树干灰色至深褐色，皮孔明显，小枝粗壮。奇数一回羽状复叶，对生，有2～4对小叶。叶片膜质，长椭圆形至椭圆状披针形。总状花序，顶生，花2～8个。花梗粗壮，花萼绿色，筒状，开花时在近轴的一侧分裂几乎至基部，呈佛焰苞状，顶端较钝，有反折的短尖头，尖端外面有紫色腺体。花冠初时为绿色，开花时为白色，喇叭状，冠筒上部外面有腺体。蒴果，筒状，稍扁。种子多为近长方体，有木栓质的翅，借此随水流传播。

生态习性　多年生常绿乔木，生长于大潮可以淹及的潮上带红树林的内缘，也可在完全不受潮汐影响的陆地生长。花期在4～6月份，果期在7～9月份。

地理分布　在我国，海滨猫尾木自然分布于海南、广东等地沿海。

经济价值　绿化观赏树种。木质轻，易加工，可做木屐、火柴，或用作燃料。

◍ 分枝

◀ 分枝

◀ 互生叶

玉 蕊

学　名 *Barringtonia racemosa*

别　名 水茄苳、水贡子、细叶棋盘脚树

分类地位 被子植物门双子叶植物纲杜鹃花目玉蕊科玉蕊属

形态特征 植株高达10 m。单叶互生。叶片膜质，长椭圆形，有短柄，丛生于枝顶，顶端较尖，基部较钝，边缘有略圆的小锯齿。网脉清晰。总状花序，顶生，下垂，长达60 cm。花稀疏，花瓣4片，白色或浅红色，椭圆形至披针形，花丝多数为白色或粉红色。果实椭球状，中果皮纤维质，质轻，果实借此随水流传播。

生态习性 多年生常绿小乔木，生长于海岸高潮线至潮高50 m左右的珊瑚礁、裸岩和沙滩上，也在热带雨林河岸和湿地生长。花期和果期几乎为全年。

地理分布 在我国，玉蕊自然分布于海南、广东等地沿海，福建有引种。

经济价值 绿化观赏树种。树皮纤维可做绳索，木材可作为建筑用材，根和果实可入药。

桐花树

学　　名　*Aegiceras corniculatum*

别　　名　蜡烛果、浪紫、红蒴、黑榄、羊角木

分类地位　被子植物门双子叶植物纲杜鹃花目报春花科桐花树属

形态特征　高1.5～4.0 m。小枝黑褐色，无毛。叶互生，枝条顶端的叶近似对生。叶片革质，椭圆形，顶端较圆或微凹，基部楔形，全缘，边缘反卷，两面密布小窝点。伞状花序，生于枝条顶端，无柄，有花10余朵。花冠白色，钟状，里面被长柔毛。裂片椭圆形，顶端逐渐变尖，花期时反折，花期后全部脱落。蒴果，圆柱状，弯曲如新月，顶端逐渐变尖。

◁ 叶片

2 cm

◁ 花

△ 根部

生态习性　多年生常绿灌木或小乔木，生长于有淡水输入的海湾、河口中潮带滩涂，或大片生长在红树林靠海一侧的滩涂。隐胎生。花期在12月份至翌年1～2月份，果期在10～12月份。有时花期在4月份，果期在2月份。

地理分布　在我国，桐花树自然分布于海南、广西、广东、香港、福建等地沿海。

经济价值　树皮可做染料，花可作为蜜源用于养蜂，叶可作为饲料。

水黄皮

学　　名　*Millettia pinnata*

别　　名　水流兵、水流豆、水罗豆、水刀豆、野豆、九重吹

分类地位　被子植物门双子叶植物纲豆目豆科水黄皮属

形态特征　高8~15 m。奇数羽状复叶，对生。小叶5~7个，近革质，长椭圆形至椭圆形，长5~10 cm，宽4~8 cm。总状花序。花萼钟状，花萼下有椭圆形小苞片。花冠白色或粉红色，各瓣均有柄。荚果，木质，椭球状，表面有不明显的小的疣状突起，两端尖，顶端有微弯曲的短喙。种子1颗，肾形。

果实

5 cm

　　生态习性　多年生常绿乔木，生长于高潮带上缘。花期在5～6月份，果期在8～10月份。

　　地理分布　在我国，水黄皮自然分布于海南、广西、广东、香港、台湾等地沿海，福建有引种。

　　经济价值　海岸防护林或绿化树种，常与黄槿、玉蕊等形成独特的护岸林带。木质纹理致密、美丽，可制作各种器具。全株可入药。种子含油，可提取作为燃料。

◁ 分枝

海杧果

学　　名　*Cerbera manghas*

别　　名　黄金茄、牛心荔、牛金茄、猴欢喜、山杭果、黄金调、香军树、山样子

分类地位　被子植物门双子叶植物纲龙胆目夹竹桃科海杧果属

形态特征　高4~8 m。树皮灰褐色。枝条绿色，有不明显的皮孔，无毛。全株富含汁液。叶厚，膜质，长椭圆形或椭圆状披针形，顶端较钝或短而尖，基部楔形。叶面深绿色，叶背浅绿色。中脉和侧脉在叶面扁平，在叶背突起。花白色。核果双生或单个，椭球状或球状，外果皮纤维质或木质。种子通常1颗。

叶片 ◗

2 cm

◖ 花

生态习性 多年生常绿小乔木，生长于海滨沙滩、泥滩、红树林林缘或近海湿地。花期在3~10月份，果期在7月份至翌年4月份。

地理分布 在我国，海杧果自然分布于海南、广西、广东、香港、台湾等地沿海。

经济价值 绿化观赏树种。根、树皮、叶、汁液可入药。

分枝 ▶

老鼠簕

⚠ 果实

叶片 ▷

3 cm

学　名　*Acanthus ilicifolius*

别　名　老鼠怕、软骨牡丹、水老鼠簕、蚧瓜簕、木老鼠簕

分类地位　被子植物门双子叶植物纲唇形目爵床科老鼠簕属

形态特征　高达2 m。茎浅绿色，呈圆柱状，较粗壮，上部有分枝。单叶对生。叶片近革质，形态变化非常大，多为椭圆形至椭圆状披针形，顶端急遽变尖，边缘有4~5个羽状浅裂。叶片正面的主脉凹下，背面的主脉明显突起。主脉两侧各有4~5条侧脉，侧脉自叶片边缘突出，呈尖锐硬刺状。托叶刺状。穗状花序，顶生。花冠白色。蒴果，椭球状。种子4颗，浅黄色，圆肾状，扁平，种皮疏松。

生态习性 多年生常绿亚灌木，生长于有淡水输入的高潮带滩涂和受潮汐影响的河岸或水道两侧，也可生长于红树林沼泽中。耐盐能力低于其他红树植物。花期在5~9月份。

地理分布 在我国，老鼠簕自然分布于海南、广西、广东、香港、福建、台湾等地沿海。

经济价值 全株可入药。

小花老鼠簕

学　　名　*Acanthus ebracteatus*

分类地位　被子植物门双子叶植物纲唇形目爵床科老鼠簕属

形态特征　高达1.5 m。茎粗壮，无毛。叶对生。叶片近革质，形态变化非常大，基部
楔形，边缘有3～4个羽状浅裂。叶片正面的主脉稍平或稍凹下，背面的主脉明显突起。主
脉两侧各有3～4条侧脉，侧脉自叶片边缘突出，呈尖锐硬刺状。托叶刺状。穗状花序，

顶生。花冠白色。蒴果，椭球状。种子4颗，近球状，两侧压扁，种皮疏松。

生态习性　多年生常绿亚灌木，生长于有淡水输入的高潮带滩涂，也可在盐度较高的高潮带积水洼地生长。花期在10月份。

地理分布　在我国，小花老鼠簕自然分布于海南、广东等地沿海。

经济价值　全株可入药。果实可食用。

⚪ 花序

⚪ 根部

2 cm

◁ 叶片

白骨壤

叶片 ◖

2 cm

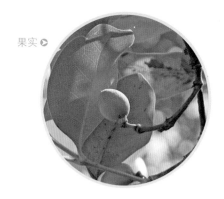

果实 ◖

学　　名　*Avicennia marina*

别　　名　海榄雌、咸水矮让木

分类地位　被子植物门双子叶植物纲唇形目马鞭草科海榄雌属

形态特征　高1.5～6 m。有发达的指状呼吸根，也常出现气生根和支柱根。枝条有隆起条纹，小枝横切面呈四方形，光滑无毛。单叶对生。叶片几乎无柄，革质，椭圆形，全缘，长2～7 cm，宽1～3.5 cm，顶端钝圆，基部楔形。叶片正面无毛，有光泽；背面有细短毛。聚伞花序，紧密，呈头状。花冠黄褐色，外被绒毛。果实近球状，直径约1.5 cm，有毛。

生态习性　多年生常绿灌木或小乔木，生长于潮间带滩涂。是最耐盐的红树植物之一。隐胎生。花期和果期在7～10月份。

地理分布　在我国，白骨壤自然分布于海南、广西、广东、香港、福建、台湾等地沿海。

经济价值　绿化观赏树种。果实淀粉含量高，浸泡去涩后可食用，或作为饲料，也可入药。叶可入药。

根部 ⚠

树干 ⚠

中国常见海洋生物原色图典·植物

钝叶臭黄荆

学　名　*Premna obtusifolia*

分类地位　被子植物门双子叶植物纲唇形目马鞭草科豆腐柴属

形态特征　高1~3 m。老枝有椭圆形或圆形的黄白色皮孔，嫩枝有短柔毛。叶片椭圆形至近圆形，长3~8 cm，宽2.5~5 cm，基部楔形或圆形，全缘。叶片两面沿叶脉有短柔毛。聚伞花序在枝顶呈伞房状。花萼两面有稀疏的黄色腺点，外被细柔毛。花冠浅黄色，外被稀疏的柔毛。核果，椭球状或球状，直径2~4 mm，有稀疏的黄色腺点。

生态习性　常绿攀缘状灌木或小乔木，生长于海岸灌木丛或高潮带海岸林带的边缘，是典型的海岸植物。花期和果期在7~9月份。

地理分布　在我国，钝叶臭黄荆自然分布于海南、广西、广东、香港、台湾等地沿海，福建有引种。

分枝

花

苦郎树

2 cm

◀ 叶片

学　　名　*Clerodendrum inerme*

别　　名　苦蓝盘、许树、海常山、假茉莉、苦卡、九里苔、鸡公尾、草朗

分类地位　被子植物门双子叶植物纲唇形目马鞭草科大青属

形态特征　植株直立或平卧生长，高可达2 m。幼枝黄灰色，有4条棱，被短柔毛。叶对生。叶片薄革质，椭圆形或椭圆状披针形，长3～7 cm，宽1.5～4.5 cm，顶端钝尖，基部楔形，全缘，通常稍微反卷。叶片表面深绿色，背面浅绿色，两面都散生着细小的黄色腺点，干后腺点褪色或脱落而形成小浅窝。聚伞花序，通常由3朵花组成，花香浓郁。花冠白色。核果，椭球状，直径7～10 mm，略有纵沟，汁液较多，外果皮黄灰色，有残存的花萼。

生态习性　多年生常绿攀缘状灌木，生长于海岸沙地、红树林林缘、基岩海岸石缝和堤岸，尤其是在堤岸石质护坡的缝隙中生长旺盛，是典型的海岸植物。花期和果期在3～12月份。

地理分布　在我国，苦郎树自然分布于海南、广西、广东、香港、福建、台湾等地沿海。

经济价值　海岸防护林树种。木材可作为燃料，叶、根可入药。

莲叶桐

学　　名　*Hernandia nymphaeifolia*

别　　名　蜡树、血桐

分类地位　被子植物门双子叶植物纲樟目莲叶桐科莲叶桐属

形态特征　高达12 m。树皮光滑。单叶互生。叶片心形，膜质，着生于叶柄，全缘。聚伞花序或圆锥花序。花黄白色。核果，椭球状，有纵肋，肉质，被膨大的总苞包被。种子球状，种皮厚而坚硬。

生态习性　多年生常绿乔木，生长于海滨平地沙质土壤的疏林、海岸沙地或基岩海岸的浪花飞溅区，是典型的海岸植物。果期在9月份至翌年2月份。

地理分布　在我国，莲叶桐自然分布于海南、台湾等地沿海。

经济价值　绿化观赏树种。种子含油脂，可用于制作肥皂、橡胶代用品。树液可做脱毛剂。全株可入药。

🔺 分枝

🔺 互生叶

黄　槿

学　　名　*Hibiscus tiliaceus*

别　　名　右纳、桐花、海麻、万年春、盐水面头果、黄木槿

分类地位　被子植物门双子叶植物纲锦葵目锦葵科木槿属

叶片

2 cm

形态特征 高达10 m。树皮灰白色。小枝无毛或几乎无毛。单叶互生。叶片革质，椭圆形至近圆形，全缘或有不明显的细圆齿。叶片正面绿色，幼嫩时有极细的星状毛，之后逐渐平滑，无毛；叶片背面密被灰白色星状柔毛。主脉上有长圆形腺体。托叶为长圆形叶状，有稀疏的星状柔毛。花序顶生或腋生，通常数朵花排列成聚伞花序。花瓣黄色，内面基部暗紫色，椭圆形，外面密被黄色星状柔毛。蒴果，椭球状，木质。种子肾状，光滑。

生态习性 多年生常绿灌木或乔木，生长于高潮线上缘的海岸沙地、堤坝、村落附近或红树林林缘，也可在不受海水影响的淡水湿地中生长。花期和果期几乎为全年。

地理分布 在我国，黄槿自然分布于海南、广西、广东、香港、福建、台湾等地沿海。

经济价值 绿化观赏树种。木质坚硬致密，耐腐性强，宜用于造船、建筑及做家具。树皮纤维可制绳索。嫩叶含淀粉等糖类和维生素C，可食用。民间取其叶制粿。全株可入药。

花蕾

杨叶肖槿

学　　名　*Thespesia populnea*

别　　名　桐棉、截萼黄槿、恒春黄槿

分类地位　被子植物门双子叶植物纲锦葵目锦葵科桐棉属

⚠ 分枝

⚠ 果实

　　形态特征　高约8 m。小枝有褐色盾形细鳞。单叶互生。叶片心形，顶端狭长，基部心形，全缘。叶片正面无毛，背面有稀疏的细鳞，很像杨树叶片，杨叶肖槿因此得名。托叶为线状披针形。叶柄有细鳞。花单生于叶腋。花梗、小苞片、花萼表面有鳞片。花冠钟形，黄色，干后粉红色，内面基部有紫色块。蒴果，球状。种子近椭球状，表面有褐色细毛。

　　生态习性　多年生常绿或半落叶乔木，生长于红树林林缘、海堤及海岸林中，偶见于潮位稍高的红树林中，是典型的海岸植物。花期和果期几乎为全年。

　　地理分布　在我国，杨叶肖槿自然分布于海南、广西、广东、香港、台湾等地沿海。

　　经济价值　木材可作为造纸原料。

银叶树

果实 ▶

5 cm

学　　名　*Heritiera littoralis*

别　　名　银叶板根、大白叶仔

分类地位　被子植物门双子叶植物纲
锦葵目梧桐科银叶树属

形态特征　高达25 m，有发达的板状
根。树皮灰黑色。小枝幼时表面有白色鳞
片。单叶互生。叶片革质，椭圆形或椭圆
状披针形，全缘。叶片背面密被银白色鳞
秕，银叶树因此得名。托叶披针形。圆锥
花序。花小，红褐色。花萼钟状，两面都
有星状毛，无花瓣。果实木质，像坚果，
近椭球状，光滑，干时黄褐色，背部有龙
骨状突起。中果皮有厚的木栓状纤维层，
外种皮与内果皮间有孔隙，果实能借此随
水流传播。种子椭球状，长约2 cm。

叶片 ▶

2 cm

生态习性　多年生常绿大乔木，生长于高潮线附近的潮滩内缘，或大潮才能淹及的海滩、河滩以及海陆过渡带的陆地，是典型的海陆两栖红树植物。花期在4~5月份，果期在8~11月份。

地理分布　在我国，银叶树自然分布于海南、广西、广东、香港、台湾等地沿海，福建有引种。

经济价值　木质坚硬，可用于造船、建筑和做家具。种子、树皮、嫩叶可入药。

◀花

叶片 ◗

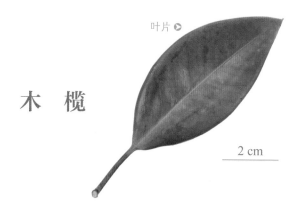

木　榄

2 cm

学　　名　*Bruguiera gymnorhiza*

别　　名　包罗剪定、枸定、剪定、大头榄、铁榄、五脚里、鸡爪榄、五梨蛟

分类地位　被子植物门双子叶植物纲金虎尾目红树科木榄属

形态特征　高达12 m。膝状的呼吸根发达，有时有支柱根和板状根。单叶对生。叶片椭圆形，革质。叶柄暗绿色，有蜡质层。托叶浅红色，较早脱落。花单生于叶腋，有花梗。萼管暗黄红色，近似钟形。花瓣浅红白色，裂片尖端有2～4根刺毛。果实包藏于萼筒内。种子1颗，胚轴呈纺锤形，稍有棱角。

◖ 花托

根部 ◗

◀ 胚轴

3 cm

生态习性　多年生常绿乔木，生长于盐度较高的潮间带滩涂或红树林内滩。耐水淹能力比白骨壤、红海榄和秋茄低。显胎生。花期和果期几乎为全年。

地理分布　在我国，木榄自然分布于海南、广西、广东、香港、福建等地沿海。

经济价值　木质坚硬，多作为燃料。胚轴淀粉含量高，可食用或酿酒，也可入药。树皮可入药。

海　莲

◭ 根部

◭ 分枝与花苞

学　　名　*Bruguiera sexangula*

别　　名　剪定树、小叶格拿稍、罗古

分类地位　被子植物门双子叶植物纲金虎尾目红树科木榄属

形态特征　高5～15 m。树皮灰色，光滑。气生根以膝状呼吸根为主，有时也出现支柱根和板根。单叶对生，常聚于枝顶。叶片椭圆形或倒披针形，革质，两端渐尖，全缘。叶柄与中脉均为橄榄黄色，托叶较早脱落。花单生于向下弯曲的花柄上。花萼鲜红色，萼筒有明显的纵棱，有9～11个裂片。花瓣金黄色，边缘密被粗毛，裂片尖端钝，反卷，裂缝间有1根短粗毛。果实包藏于萼筒内，单室。种子1颗，胚轴圆柱状，长20～30 cm。

生态习性　多年生常绿乔木，生长于淤泥质海岸高潮带滩涂。耐盐能力低于同属的木榄。显胎生。花期和果期几乎为全年。

地理分布　在我国，海莲自然分布于海南、福建等地沿海。

经济价值　树皮、根皮可入药。胚轴淀粉含量高，可食用或酿酒。木质坚硬，可作为燃料。

◭ 胚轴

5 cm

163

尖瓣海莲

⚠ 分枝与花苞

⚠ 根部

学　　名　*Bruguiera sexangula* var. *rhynchopetala*

别　　名　海莲尖瓣变种

分类地位　被子植物门双子叶植物纲金虎尾目红树科木榄属

形态特征　高达15 m。形态与海莲近似。花萼裂片11～13片，通常为11片。花瓣裂片顶端尖，常有1～2根刺毛。

生态习性　多年生常绿乔木，生长于有淡水输入的海湾、河口高潮带滩涂。耐盐能力低于木榄，高于海莲。显胎生。

地理分布　在我国，尖瓣海莲仅分布于海南沿海。

⌃ 分枝

角果木

学　　名　*Ceriops tagal*

别　　名　剪子树、海淀子、海枷子、细蕊红树

分类地位　被子植物门双子叶植物纲金虎尾目红树科角果木属

形态特征　高2～5 m。没有明显的支柱根，仅变粗的基部侧根起支持作用。树干常弯曲，树皮灰褐色，平滑，有细小的裂纹。枝有明显的叶痕。叶片椭圆形，顶端圆形或微凹，基部楔形，边缘骨质，干后反卷。聚伞花序，腋生，有总花梗。花2～10朵，较小。花萼裂片小，革质，花期时较直，果期时外翻或扩展。花瓣白色，比花萼短，顶端有2个或3个微小的棒状附属体。果实为近似圆锥的椭球状。胚轴中部以上略粗大，有纵棱和疣状突起。

生态习性　常绿灌木或乔木，生长于高潮带滩涂，有时可在特大潮才能淹及的高潮带上缘生长。是耐盐性最强的红树植物之一。显胎生。花期在秋、冬季，果期在冬季。

地理分布　在我国，角果木自然分布于海南、广东等地沿海。

经济价值　木质坚重，耐腐性强，可作为桩木、造船用材。树皮可做染料。全株可入药。种子榨油可止痒。

秋 茄

学　　名　*Kandelia obovata*

别　　名　水笔仔、茄行树、红浪、浪柴、茄藤树、红榄、硬柴

分类地位　被子植物门双子叶植物纲金虎尾目红树科秋茄属

形态特征　高可达10 m。有板状根或支柱根。树皮红褐色，光滑。枝粗壮，有膨大的节。单叶交互对生。叶片革质，椭圆形、长椭圆形或近卵圆形，全缘。二歧聚伞花序，腋生，花4～9朵。花瓣5～6片，白色，膜质。果实圆锥状。种子1颗，离开母树前发芽，胚轴细长，长12～20 cm。

生态习性 多年生常绿灌木或小乔木，生长于淤泥海滩及河口盐滩，喜生长于海湾淤泥深厚的泥滩，常组成单优势种灌木群落。既可生长于盐度较高的海滩，又能生长于淡水泛滥的地区，且耐淹，往往在涨潮时被淹没过半或几乎淹没，生长却不受影响。是最耐寒的红树植物。花期和果期几乎为全年。

地理分布 在我国，秋茄自然分布于海南、广西、广东、香港、福建、台湾等地沿海。

经济价值 木质坚重，耐腐性强，可作为小件用材。树皮和根可入药。

胚轴 ▷

分枝 ▷

◁ 根部

红海榄

学　名　*Rhizophora stylosa*

别　名　五梨蛟、鸡爪榄、厚皮

分类地位　被子植物门双子叶植物纲金虎尾目红树科红树属

形态特征　高达10 m。支柱根发达。树皮灰褐色，光滑。小枝粗大，落叶后叶痕明显。单叶对生。叶片椭圆形，有长柄，顶端突出且尖，叶片背面有明显的黑褐色腺点。花梗腋生。花2朵或更多，浅黄色，有短梗，基部有合生的小苞片。果实圆锥状，革质，平滑。胚轴圆柱状，长25～40 cm，皮孔明显，表面有疣状突起。

生态习性　多年生常绿乔木或灌木，生长于河口外侧盐度较高的红树林内滩。显胎生。花果期在秋、冬季。

地理分布　在我国，红海榄自然分布于海南、广东、福建、台湾等地沿海。

经济价值　胚轴淀粉含量高，可食用或酿酒。

叶片

2 cm

△ 根部

正红树

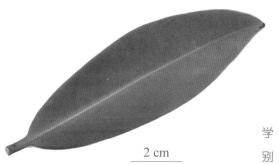

2 cm

学　名　*Rhizophora apiculata*

别　名　红树、鸡笼答、五足驴

分类地位　被子植物门双子叶植物纲金虎尾目红树科红树属

形态特征　高2～6 m。树皮黑褐色，有发达的支柱根。单叶对生。叶片椭圆形至长椭圆形，长7～16 cm，宽3～6 cm，顶端突出且尖，或短而尖，基部阔楔形。中脉在叶片背面呈红色，叶片干后正面的侧脉稍明显。叶柄粗壮，浅红色。总花梗着生在已落叶的叶腋。花2朵，无花梗，有杯状小苞片，花瓣膜质。花萼裂片为长三角形，短而尖。果实呈梨状，略粗糙。胚轴绿紫色，圆柱状，略弯曲，长20～40 cm，有疣状突起。

生态习性　多年生常绿小乔木或灌木，生长于盐分较高的中潮带滩涂，在风浪较小的海湾能生长到海滩最外围，形成纯林。显胎生。花期和果期几乎为全年。

地理分布　在我国，正红树自然分布于海南、广东、台湾等地沿海。

经济价值　木质致密，耐腐性强，可作为木料；燃值高，可作为燃料。胚轴脱涩后可食用或作为饲料。树皮可入药。

🔺 分枝

🔺 茎

海 漆

学　　名　*Excoecaria agallocha*

别　　名　土沉香、水贼仔、水贼、山稔、岗稔、豆稔、稔子树

分类地位　被子植物门双子叶植物纲金虎尾目大戟科海漆属

形态特征　高达15 m。有发达的表面根。枝无毛，有较多皮孔。单叶互生。叶片近革质，长椭圆形或椭圆形，全缘或有不明显的稀疏细齿。中脉在叶片背面凹入，在叶片正面明显凸出。叶柄粗壮，基部有2个小腺体。花单性，雌雄异株，聚集成腋生、单生或双生的总状花序，无花瓣。蒴果，球状，顶端扁压，长7～8 mm，有3条沟槽。种子黑色，球状。

生态习性　多年生半常绿或落叶乔木，生长于高潮带及高潮带以上的淤泥质或泥沙质海岸，也常见于鱼塘堤岸或潮沟两侧的红树林外缘。是典型的海陆两栖植物。花期和果期在1～9月份。

小贴士

海漆全株含具有毒性的白色汁液，接触皮肤可引起发炎和红肿，入眼可导致暂时失明或永久失明。

⬟ 树干

地理分布　在我国，海漆自然分布于海南、广西、广东、香港、台湾等地沿海。

经济价值　绿化观赏树种。树皮可入药。

叶片 ▷

2 cm

木果楝

学　　名 *Xylocarpus granatum*

别　　名 海柚

分类地位 被子植物门双子叶植物纲无患子目楝科木果楝属

形态特征 高达8 m，有不发达的板状根或蛇形表面根。枝灰色，无毛，平滑。偶数羽状复叶互生。叶片椭圆形至圆形，近革质，长约15 cm，通常4片对生，叶柄极短且基部膨大。聚伞花序组成圆锥花序，聚伞花序有花1～3朵。花瓣白色，长椭圆形，革质，长约6 mm。蒴果，球状，有柄，直径10～12 cm。种子8～12颗，有棱，外种皮纤维质。种子密度小，易随水流传播。

生态习性　多年生常绿小乔木或灌木，生长于高潮带泥沙质滩涂。花期和果期为全年。

地理分布　在我国，木果楝仅分布于海南沿海，广东有引种。

经济价值　木材红色、坚硬，适宜作为家具、建筑等用材。树皮可入药。

◀ 树干

◀ 叶片

3 cm

拉关木

学　　名　*Laguncularia racemosa*

分类地位　被子植物门双子叶植物纲桃金娘目使君子科拉关木属

形态特征　高2～5 m。主干灰绿色，圆柱状，纤细。单叶互生。叶片革质或稍呈肉质，椭圆形，长4～7 cm。叶柄红色，粗壮。花小，白色，雌雄同株或异株。果实绿色或黄白色，麦粒状，饱满。

生态习性　多年生常绿小乔木，生长于淤泥深厚、松软肥沃的中、高潮带潮滩。隐胎生。花期在2～9月份，果期在7～11月份。

地理分布　拉关木于1999年从墨西哥引种至我国海南东寨港，后经培育移种至广东、福建沿海。

分枝 ▷

树干 ▷

榄 李

分枝 ◬

学　　名　*Lumnitzera racemosa*

别　　名　滩疤树、白榄、海滩疤

分类地位　被子植物门双子叶植物纲桃金娘目使君子科榄李属

形态特征　高约8 m。树皮褐色或灰黑色，粗糙。枝红色或灰黑色，有明显的叶痕，初生时表面有短柔毛。叶通常聚生于枝顶。叶片厚，肉质，椭圆形，顶端钝圆或微凹，基部楔形，叶脉不明显。总状花序。花瓣5个，白色，长椭圆形，细小而具有芳香。果实椭球状，成熟时黑褐色，木质，坚硬。种子1颗，棕色，圆柱状。

生态习性　多年生常绿灌木或小乔木，生长于高潮带泥沙质滩涂，也可在特大潮才能淹及的潮上带生长。对盐度有较强的适应能力。花期和果期在12月份至翌年3月份。

地理分布　在我国，榄李自然分布于海南、广西、广东、香港、台湾等地沿海，福建有引种。

经济价值　树皮、根皮可入药。

水芫花

学　　名　*Pemphis acidula*

分类地位　被子植物门双子叶植物纲桃金娘目千屈菜科水芫花属

形态特征　灌木高约1 m，小乔木高达11 m。多分枝，小枝、幼叶和花序表面均有灰色短柔毛。叶对生。叶片较厚，肉质，椭圆形或线状披针形，长1～3 cm，宽5～15 mm。花腋生，花梗长5～13 mm。花瓣6个，白色或粉红色，椭圆形至近圆形。蒴果，椭球状，长约6 mm，革质，几乎完全被残存的萼管包围。种子多个，红色，光亮，长2 mm，有棱角，互相挤压，四周有海绵质扩展物形成的厚翅。

生态习性　多年生常绿灌木或小乔木，生长于高潮线附近的珊瑚石灰岩缝中。是典型的海岸植物，可作为热带、亚热带海岸带盐生指示植物和珊瑚礁指示植物。花期和果期在6～8月份。

地理分布　在我国，水芫花自然分布于海南、台湾等地沿海。

经济价值　木质坚硬，可用于制作木锚、木钉等。

❤ 叶片

2 cm

❆ 分枝

海　桑

学　　名　*Sonneratia caseolaris*

别　　名　剪包树、剪刀树、枷果

分类地位　被子植物门双子叶植物纲桃金娘目千屈菜科海桑属

形态特征 高5～6 m。有多个呼吸根。小枝通常下垂，有隆起的节，幼时有4条棱。叶对生。叶片楔形，厚革质，形态变化大，顶端钝尖或呈圆形，基部逐渐狭窄。中脉在叶片两面稍微突起。花单生于枝顶，直径约5 cm。花瓣6个，暗红色，条状披针形。浆果，球状，基部被残存的萼筒包裹，直径4～5 cm，顶端有残留的花柱。

生态习性 多年生常绿小乔木，生长于受淡水影响较大的河口。是红树植物中耐盐能力最弱的树种。花期在1～2月份，果期在3～8月份。

地理分布 在我国，海桑仅分布于海南沿海，广东有引种。

经济价值 嫩果有酸味，可食用。叶含脂肪酸、烃类、甾醇，可入药。花、果实可入药。呼吸根置于水中煮沸后可作为软木塞代用品。

◀ 分枝

◀ 树干

◀ 呼吸根

分枝 ▷

根部 ▷

无瓣海桑

学 名	*Sonneratia apetala*

别 名 孟加拉海桑

分类地位 被子植物门双子叶植物纲桃金娘目千屈菜科海桑属

形态特征 高15～20 m。有伸出水面的笋状呼吸根。主干圆柱状，灰色，幼时浅绿色。小枝纤细下垂，有隆起的节。叶对生。叶片厚革质，椭圆形至长椭圆形。叶柄浅绿色至粉红色。总状花序。无花瓣，因此被命名为无瓣海桑。浆果，球状，每个果实约有50粒种子。

生态习性 多年生常绿乔木，生长于海莲林和角果木林外缘的中、高潮带滩涂，也可生于秋茄林林内或外缘的中、低潮带滩涂。隐胎生。花期和果期在6～10月份。

地理分布 无瓣海桑于1985年从孟加拉国引种至我国海南、广西、广东、福建沿海。

经济价值 红树林造林树种，生长快速，表现出极强的入侵性。木材可用于制作乐器、造纸等。

⬥ 分枝　　　　　　　　⬥ 根部　　　　　　　　⬥ 呼吸根

海南海桑

学　　名　*Sonneratia hainanensis*

分类地位　被子植物门双子叶植物纲桃金娘目千屈菜科海桑属

形态特征　为卵叶海桑和杯萼海桑的杂交种。高可达13 m。有发达的笋状呼吸根。单叶对生。叶片革质，近圆形，椭圆形较少见，顶端较圆或钝，基部变狭窄，全缘。花大而美丽，数朵簇生于枝顶，单生花较少见。花瓣条形或不明显，花丝比花瓣脱落得晚。花萼裂片内面幼时红色，果实成熟后变为浅绿色。浆果，扁球状。结果率低。种子发育不全，天然更新困难。

生态习性　多年生常绿乔木，生长于有淡水输入的中、高潮带淤泥质或泥沙质滩涂。果期在6～9月份。

地理分布　在我国，海南海桑仅分布于海南沿海。

经济价值　红树林造林的优良树种。

保护级别　国家二级保护植物。已被载入《中国植物红皮书》，并被列入《中国生物多样性保护行动计划》优先保护植物名录。

◀ 花苞

2 cm

卵叶海桑

⚪ 叶片

 分枝 ▷

气生根 ▷

学　名　*Sonneratia ovata*

别　名　大叶海桑

分类地位　被子植物门双子叶植物纲桃金娘目千屈菜科海桑属

形态特征　高达8 m。有发达的笋状呼吸根。单叶对生。叶片稍呈肉质，全缘，基部近圆形。因叶片卵形，与海桑属其他物种差别较大，而被命名为卵叶海桑。花单生于枝顶，无花瓣，花萼表面有密集的疣状突起。果实大，直径6～9 cm，略扁，形状略不规则。

生态习性　多年生常绿乔木，生长于河口、海湾高潮带的淤泥质或泥沙质滩涂。耐盐能力与海南海桑相当，稍高于海桑，比杯萼海桑差。花期和果期为全年，盛果期在6～9月份。

地理分布　在我国，卵叶海桑仅分布于海南沿海。

经济价值　红树林造林的主要树种、绿化观赏树种。

卤 蕨

学　　名　*Acrostichum aureum*

别　　名　金蕨、黄金齿朵

分类地位　蕨类植物门薄囊蕨纲真蕨目卤蕨科卤蕨属

形态特征　高达2 m。根状茎直立，顶端密被褐棕色的阔披针形鳞片。叶片厚革质，干后黄绿色，光滑，簇生，长60～140 cm，宽30～60 cm。叶柄基部褐色，被披针形鳞片；向上为浅黄褐色，光滑。叶面有纵沟，中部以上纵沟的隆脊上有2～4对由羽片退化成的互生的刺状突起。叶片基部有1对羽叶，对生，这对羽叶比其上的羽叶略短；中部的羽叶互生，长舌状披针形；顶端的羽叶较小，无柄，能育。叶片两面均可见网状叶脉。

生态习性　多年生草本植物，生长于有淡水输入的高潮带滩涂，还可生长于潮上带，偶见于内陆地区。是典型的海岸植物。

地理分布　在我国，卤蕨自然分布于海南、广东、澳门、香港、台湾等地沿海。

经济价值　叶片含糖类和维生素C，可食用。

△ 分枝

尖叶卤蕨

学　名　*Acrostichum speciosum*

分类地位　蕨类植物门薄囊蕨纲真蕨目卤蕨科卤蕨属

形态特征　高达1.5 m。根状茎直立生长，连同叶柄基部都被有鳞片。奇数一回羽状叶，簇生。中部以下的叶片不育，长约20 cm，宽约2.5 cm，叶片披针形，顶部略变得短而狭窄，逐渐变尖，柄长1 cm；中部以上的叶片能育，长15～18 cm，宽约2 cm，顶部突然变尖而呈短尾状，无柄。尖叶卤蕨植株较矮，叶片的顶端尖；而卤蕨植株较高，叶片顶端钝。

生态习性　多年生草本植物，生长于红树林林缘。耐盐能力与卤蕨相似，是典型的海岸植物。

地理分布　在我国，尖叶卤蕨仅分布于海南沿海。

经济价值　形态奇特，可作为盆栽或绿化观赏树种。

叶片 ▷

3 cm